L'ENCYCLOPÉDIE
DU SAVOIR RELATIF ET ABSOLU

Paru dans Le Livre de Poche :

L'Arbre des possibles

L'Empire des anges

Les Fourmis

1. Les Fourmis

2. Le Jour des fourmis

3. La Révolution des fourmis

La Trilogie des Fourmis *(Hors collection)*

Le Livre du Voyage

Le Livre secret des fourmis

Le Père de nos pères

Les Thanatonautes

L'Ultime Secret

BERNARD WERBER

L'Encyclopédie du savoir relatif et absolu

ALBIN MICHEL

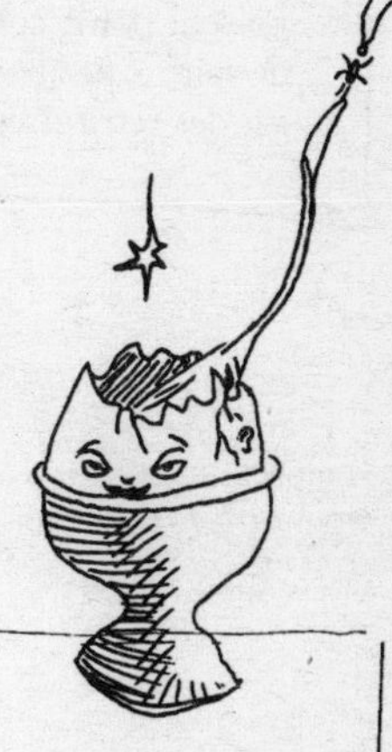

Avant-propos

Le Livre que vous tenez entre vos mains est une expérience.

Il contient des informations que vous ne trouverez pas ailleurs.

Des informations dans des domaines aussi étranges ou complémentaires que : les grandes énigmes du passé, les casse-tête mathématiques, les recettes de cuisine étranges, les paradoxes de la physique quantique, des anecdotes inconnues de l'histoire de l'humanité, ou des blagues philosophiques.

Ici, l'hypnose, l'alchimie, le shamanisme ou la kabbale côtoient la sociologie, la biologie ou l'archéologie.

L'Encyclopédie du Savoir Relatif et Absolu

Ici, on découvre comment rêvent les dauphins et comment est né l'univers. Comment les Chinois ont rencontré les Occidentaux et comment se prépare l'Hydromel, boisson des fourmis et des dieux. Le seul point commun de tous ces petits textes est de faire « pétiller l'esprit » et d'éveiller la curiosité sur des territoires inconnus.

Résumé des épisodes précédents

Tout est en un (Abraham)
Tout est amour (Jésus-Christ)
Tout est sexuel (Sigmund Freud)
Tout est économique (Karl Marx)
Tout est relatif (Albert Einstein)
Et ensuite ?

Vous

Vous qui tournez cette page, prenez conscience que vous frottez en un point votre index contre la cellulose du papier. De ce contact naît un échauffement infime. Un échauffement toutefois bien réel. Rapporté dans l'infiniment petit,

A cause de votre "saut" de page, la voici en crise

cet échauffement provoque le saut d'un électron qui quitte son atome et vient ensuite percuter une autre particule.

Mais cette particule est, en fait, « relativement » immense. Si bien que le choc avec l'électron constitue pour elle un véritable bouleversement. Avant, elle était inerte, vide, froide. A cause de votre « saut » de page, la voici en crise. Par ce geste, vous avez provoqué quelque chose dont vous ne connaîtrez jamais toutes les conséquences. Une explosion dans l'infiniment petit.

Des fragments de matière expulsés. De l'énergie diffusée.

Des micro-mondes sont peut-être nés, des gens y vivent, et ces êtres vont découvrir la métallurgie, la cuisine à la vapeur et les voyages stellaires. Ils pourront même se révéler plus intelligents que nous. Et ils n'auraient jamais existé si vous n'aviez pas eu ce livre entre les mains et si votre doigt n'avait pas provoqué un échauffement, précisément à cet endroit du papier.

Parallèlement, notre univers trouve sûrement sa place lui aussi dans un coin de page d'un livre gigantissime, une semelle de chaussure ou la mousse d'une canette de bière de quelque autre civilisation géante. Notre génération n'aura sans doute jamais les moyens de vérifier entre quel infiniment petit et quel infiniment grand nous nous trouvons. Mais ce que nous savons, c'est qu'il y a bien longtemps notre univers, ou en tout cas la particule qui contient notre univers,

était vide, froide, noire, immobile. Et puis quelqu'un ou quelque chose a provoqué la crise. On a tourné la page, on a marché sur une pierre, on a raclé la mousse d'une canette de bière. Toujours est-il qu'il y a eu un « réveil ». Chez nous, on le sait, ça a été une gigantesque explosion. On l'a nommée Big Bang.
Imaginez donc ce vaste espace de silence soudain réveillé par une déflagration titanesque. Pourquoi a-t-on tourné la page, là-haut ? Pourquoi a-t-on raclé la mousse de bière ?
Pour que tout évolue et survienne à cette seconde-ci où vous, lecteur précis, lisez ce livre précis, dans cet endroit précis où vous vous trouvez.
Et peut-être qu'à chaque fois que vous tournez une page de ce livre un nouvel univers se crée, quelque part dans l'infiniment petit.
Appréciez votre immense pouvoir.

Loi de Parkinson

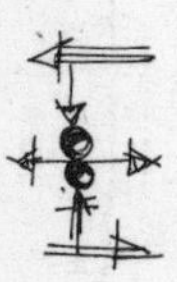

La loi de Parkinson (rien à voir avec la maladie du même nom) veut que plus une entreprise grandit, plus elle engage de gens médiocres et surpayés. Pourquoi ? Tout simplement parce que les cadres en place veulent éviter la concurrence. La meilleure manière de ne pas avoir de rivaux dangereux consiste à engager des incompétents. La meilleure façon de supprimer en eux toute velléité de faire des vagues est de les surpayer. Ainsi les castes dirigeantes se trouvent assurées d'une tranquillité permanente. A contrario, selon la loi de Parkinson tous ceux ayant des idées, des suggestions originales ou des envies d'améliorer les règles de la maison

Peut-être qu'à chaque fois que vous tournez une page de ce livre un nouvel univers se crée, quelque part dans l'infiniment petit.

seront systématiquement éjectés. Ainsi, paradoxe moderne, plus l'entreprise sera grande, plus elle sera ancienne, plus elle entrera dans un processus de rejet de ses éléments dynamiques bon marché, pour les remplacer par des éléments archaïques onéreux. Et cela au nom de la tranquillité de la collectivité.

Charade de Victor Hugo

« Mon premier est bavard.
Mon deuxième est un oiseau.
Mon troisième est au café.
Et mon tout est une pâtisserie. »

Réfléchissez un peu sans regarder la solution.
Et pour les impatients…

Mon premier est bavard, c'est donc « bavard ».
Mon deuxième est un oiseau, c'est « oiseau ».
Mon troisième est au café, c'est « au café ».
Solution : bavard-oiseau-au café. Bavaroise au café.
Vous voyez, c'était facile.

Le peuple du rêve

Dans les années soixante-dix, deux ethnologues américains découvrirent au fin fond de la forêt de Malaisie une tribu primitive, les Senoïs. Ceux-ci organisaient leur vie autour de leurs rêves. On les appelait d'ailleurs « le peuple du rêve ».
Tous les matins au petit déjeuner, autour du feu, chacun ne parlait que de ses rêves de la nuit. Si un

Senoï avait rêvé avoir nui à quelqu'un, il devait offrir un cadeau à la personne lésée. S'il avait rêvé avoir été frappé par un membre de l'assistance, l'agresseur devait s'excuser et lui donner un présent pour se faire pardonner.
Chez les Senoïs, le monde onirique était plus riche d'enseignements que la vie réelle. Si un enfant disait avoir rencontré un tigre et s'être enfui, on l'obligeait à rêver à nouveau du félin la nuit suivante, à se battre avec lui et à le tuer. Les anciens lui expliquaient comment s'y prendre. Si l'enfant ne réussissait pas à venir à bout du tigre, toute la tribu le réprimandait.
Dans le système de valeurs senoï, si on rêvait de relations sexuelles, il fallait aller jusqu'à l'orgasme et remercier ensuite dans la réalité l'amante ou l'amant désiré par un cadeau. Face aux adversaires hostiles des cauchemars, il fallait vaincre puis réclamer un cadeau à l'ennemi afin de s'en faire un ami. Le rêve le plus convoité était celui de l'envol. Toute la communauté félicitait l'auteur d'un rêve plané. Pour un enfant, annoncer un premier essor était un baptême. On le couvrait de présents puis on lui expliquait comment voler en rêve jusqu'à des pays inconnus et en ramener des offrandes exotiques.
Les Senoïs séduisirent les ethnologues occidentaux. Leur société ignorait la violence et les maladies mentales. C'était une société sans stress et sans ambition de conquête guerrière. Le travail s'y résumait au strict minimum nécessaire à la survie. Les Senoïs disparurent quand la partie de la forêt où ils vivaient fut livrée au défrichement. Cependant, nous pouvons tous commencer à appliquer leur savoir. Tout d'abord, consigner chaque matin le rêve de la nuit, lui donner un titre, en préciser la date. Puis en

parler avec son entourage, au petit déjeuner par exemple. Aller plus loin encore en appliquant les règles de base de l'onironautique. Décider ainsi avant de s'endormir du choix de son rêve : faire pousser des montagnes, modifier la couleur du ciel, visiter des lieux exotiques, rencontrer les animaux de son choix.
Dans les rêves, chacun est omnipotent. Le premier test d'onironautique consiste à s'envoler. Etendre les bras, planer, piquer en vrille, remonter : tout est possible.
L'onironautique demande un apprentissage progressif. Les heures de « vol » apportent de l'assurance et de l'expression. Les enfants n'ont besoin que de cinq semaines pour pouvoir diriger leurs rêves. Chez les adultes, plusieurs mois sont parfois nécessaires.

conte

Compte et Conte

Les mots « compte » et « conte » ont en français la même prononciation. Or on constate que cette correspondance existe pratiquement dans toutes les langues. En anglais, compter : *to count*, conter : *to recount*. En allemand, compter : *zahlen*, conter : *erzählen*. En hébreu, conter : *le saper*, compter : *li saper*. En chinois, compter : *shu*, conter : *shu*. Chiffres et lettres sont unis depuis les balbutiements du langage.

Horoscope maya

En Amérique du Sud, chez les Mayas, existait une astrologie officielle et obligatoire. Selon le jour de sa naissance, on donnait à l'enfant un calendrier prévisionnel spécifique. Ce calendrier racontait toute sa vie future : quand il allait trouver du travail, quand il allait se marier, quand il lui arriverait un accident, quand il mourrait. On le lui chantonnait dans son berceau, il l'apprenait par cœur et lui-même le fredonnait pour savoir où il en était de sa propre existence.

Ce système fonctionnait assez bien car les astrologues mayas se débrouillaient pour faire coïncider leurs prévisions. Si un jeune homme avait dans les paroles de sa chanson la rencontre de telle jeune fille un certain jour, elle avait bien lieu car la jeune fille détenait exactement le même couplet dans sa chanson horoscope. De même pour les affaires, si un couplet annonçait qu'on allait acheter une maison tel jour, le vendeur avait dans sa chanson l'obligation de la vendre ce jour-là. Si une bagarre devait éclater à une date précise, les participants en étaient informés à l'avance.

Tout fonctionnait à merveille, le système se renforçant de lui-même. Les guerres étaient annoncées et décrites. On en connaissait les vainqueurs et les astrologues précisaient combien de blessés et de morts joncheraient les champs de bataille. Si le nombre de cadavres ne coïncidait pas exactement avec les prévisions, on sacrifiait les prisonniers.

Comme ces horoscopes chantés facilitaient l'existence ! Plus aucune place n'était laissée au hasard. Personne n'avait peur du lendemain. Les astrologues éclairaient chaque vie humaine du début à la fin.

Chacun savait où menait sa vie et même où allait celle des autres. Comble de prévision, les Mayas avaient prévu... le moment de la fin du monde. Elle surviendrait tel jour du Xe siècle de ce qu'ailleurs on appela l'ère chrétienne. Les astrologues mayas s'étaient tous accordés sur son heure exacte. Si bien que, la veille, plutôt que de subir la catastrophe, les hommes mirent le feu à leurs villes, tuèrent eux-mêmes leurs familles et se suicidèrent ensuite. Les quelques rescapés quittèrent les cités en flammes pour errer dans les plaines.
Pourtant, cette civilisation était loin d'être l'œuvre d'individus simplistes et naïfs. Les Mayas connaissaient le zéro, la roue (mais ils n'ont pas compris l'intérêt d'une telle découverte), ils ont construit des routes ; leur calendrier, avec son système de treize mois, était plus précis que le nôtre.
Lorsque les Espagnols sont arrivés au Yucatán, au XVIe siècle, ils n'ont même pas eu la satisfaction d'anéantir la glorieuse civilisation maya puisque celle-ci s'était déjà autodétruite fort longtemps auparavant.
Cependant, il subsiste de nos jours des Indiens qui se prétendent lointains descendants des Mayas. On les nomme les « Lacandons ». Et, chose étrange, les enfants lacandons fredonnent des airs anciens énumérant tous les événements d'une vie humaine. Mais nul n'en connaît plus la signification précise.

Paul Kamerer

L'écrivain Arthur Koestler décida un jour de consacrer un ouvrage à l'imposture scientifique. Il interrogea des chercheurs qui l'assurèrent que la plus misérable des impostures scientifiques était sans doute celle à laquelle s'était livré le docteur Paul Kamerer.

Kamerer était un biologiste autrichien qui réalisa ses principales découvertes entre 1922 et 1929. Éloquent, charmeur, passionné, il prônait que « tout être vivant est capable de s'adapter à un changement du milieu dans lequel il vit et de transmettre cette adaptation à sa descendance ». Cette théorie était exactement contraire à celle de Darwin. Aussi, pour prouver le bien-fondé de ses assertions, le docteur Kamerer mit au point une expérience spectaculaire.

Il prit des œufs de crapaud des montagnes, qui se reproduisent sur la terre ferme, et les déposa dans l'eau. Or, les animaux issus de ces œufs s'adaptaient et présentaient des caractéristiques de crapauds lacustres. Ils se dotaient ainsi d'une bosse noire copulatoire sur le pouce, bosse qui permettait aux crapauds aquatiques mâles de s'accrocher à la femelle à peau glissante afin de pouvoir copuler dans l'eau. Cette adaptation au milieu aquatique était transmise à leur progéniture, laquelle naissait directement avec une bosse de couleur foncée au pouce. La vie était donc capable de modifier son programme génétique pour s'adapter au milieu aquatique.

Kamerer défendit sa théorie de par le monde avec un certain succès. Un jour, pourtant, des scientifiques et des universitaires souhaitèrent examiner « objectivement » son expérience. Une large assis-

tance se pressa dans l'amphithéâtre, parmi laquelle de nombreux journalistes. Le docteur Kamerer comptait bien prouver là qu'il n'était pas un charlatan.
La veille de l'expérience, un incendie éclata dans son laboratoire et tous ses crapauds périrent à l'exception d'un seul. Kamerer dut donc se résoudre à présenter cet unique survivant et sa bosse sombre. Les scientifiques examinèrent l'animal à la loupe et s'esclaffèrent. Il était parfaitement visible que les taches noires de la bosse du pouce du crapaud avaient été artificiellement dessinées par injection d'encre de Chine sous la peau. La supercherie était éventée. La salle était hilare.
En une minute, Kamerer perdit toute crédibilité et toute chance de voir ses travaux reconnus. Rejeté de tous, il fut mis au ban de sa profession. Les darwinistes avaient gagné.
Kamerer quitta la salle sous les huées.
Désespéré, il se réfugia dans une forêt où il se tira une balle dans la bouche, non sans avoir laissé derrière lui un texte lapidaire dans lequel il réaffirmait l'authenticité de ses expériences et déclarait « vouloir mourir dans la nature plutôt que parmi les hommes ». Ce suicide acheva de le discréditer.
Pourtant, à l'occasion de recherches pour son ouvrage *L'Étreinte du crapaud*, Arthur Koestler rencontra l'ancien assistant de Kamerer. L'homme lui révéla avoir été à l'origine du désastre. C'était lui qui, à l'incitation d'un groupe de savants darwiniens, avait mis le feu au laboratoire et remplacé le dernier crapaud mutant par un autre, ordinaire, auquel il avait injecté de l'encre de Chine dans le pouce.

Homéostasie

Toute forme de vie est en recherche d'homéostasie. « Homéostasie » signifie équilibre entre milieu intérieur et milieu extérieur. Toute structure vivante fonctionne en homéostasie. L'oiseau a des os creux pour voler. Le chameau a des réserves d'eau pour survivre dans le désert. Le caméléon change la pigmentation de sa peau pour passer inaperçu de ses prédateurs. Ces espèces, comme tant d'autres, ont réussi à se maintenir en vie jusqu'à nos jours en s'adaptant à tous les bouleversements de leur milieu ambiant. Celles qui ne surent pas trouver un équilibre avec le monde extérieur ont disparu.

L'homéostasie est la capacité d'autorégulation de nos organes par rapport aux contraintes extérieures.

On est toujours surpris de constater à quel point un simple quidam peut endurer les épreuves les plus rudes et y adapter son organisme.

Robinson Crusoé de Daniel Defoe ou *L'Ile mystérieuse* de Jules Verne sont des livres à la gloire de la capacité d'homéostasie de l'être humain.

Tous, nous sommes en perpétuelle recherche de l'homéostasie parfaite car nos cellules ont déjà cette préoccupation. Elles convoitent en permanence un maximum de liquide nutritif à la meilleure température et sans agression de substance toxique. Mais quand elles n'en disposent pas, elles s'adaptent. C'est ainsi que les cellules du foie d'un ivrogne sont mieux accoutumées à assimiler l'alcool que celles d'un abstinent. Les cellules

Plus le milieu extérieur est hostile, plus il oblige la cellule ou l'individu à développer des talents inconnus.

des poumons d'un fumeur fabriqueront des résistances à la nicotine. Le roi Mithridate avait même entraîné son corps à supporter l'arsenic.
Plus le milieu extérieur est hostile, plus il oblige la cellule ou l'individu à développer des talents inconnus.

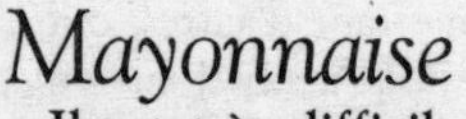

Mayonnaise

Il est très difficile de mélanger des matières différentes. Pourtant la mayonnaise est la preuve que l'addition de deux substances différentes donne naissance à une troisième qui les sublime.
Comment composer une mayonnaise ? Tourner en crème dans un saladier le jaune d'un œuf et de la moutarde à l'aide d'une cuillère en bois. Ajouter de l'huile progressivement et par petites quantités jusqu'à ce que l'émulsion soit parfaitement compacte. La mayonnaise montée, l'assaisonner de sel, de poivre et de 2 centilitres de vinaigre. Important : tenir compte de la température. Le grand secret de la mayonnaise : l'œuf et l'huile doivent être exactement à la même température. L'idéal : 15°C. Ce qui liera en fait les deux ingrédients, ce seront les minuscules bulles d'air qu'on y aura introduites juste en les battant. 1 + 1 = 3.
Si la mayonnaise est ratée, on peut la rattraper en rajoutant une cuillerée de moutarde qu'on introduira peu à peu, en tournant, dans le mélange d'huile et d'œuf mal amalgamé dans le saladier. Attention : tout est dans la progression.
Outre la sauce, la technique de la mayonnaise est à la base du fameux secret de la peinture à l'huile fla-

mande. Ce sont les frères Van Eyck qui, au XVe siècle, eurent l'idée d'utiliser ce type d'émulsion pour obtenir des couleurs d'une opacité parfaite. Mais en peinture, on n'utilise plus un mélange eau-huile-jaune d'œuf, mais un mélange eau-huile-blanc d'œuf.

Idéosphère

Les idées sont comme des êtres vivants. Elles naissent, elles croissent, elles prolifèrent, elles sont confrontées à d'autres idées et elles finissent par mourir.

Et si les idées, comme les animaux, avaient leur propre évolution ? Et si les idées se sélectionnaient entre elles pour éliminer les plus faibles et reproduire les plus fortes comme dans le darwinisme ?

Dans *Le Hasard et la Nécessité*, en 1970, Jacques Monod émet l'hypothèse que les idées pourraient avoir une autonomie propre et, comme les êtres organiques, être capables de se reproduire et de se multiplier.

En 1976, dans *Le Gène égoïste*, Richard Dawkins évoque le concept d'« idéosphère ». Cette idéosphère serait au monde des idées ce que la biosphère est au monde des animaux.

Dawkins écrit : « Lorsque vous plantez une idée fertile dans mon esprit, vous parasitez littéralement mon cerveau, le transformant en véhicule pour la propagation de cette idée. » Et il cite à l'appui le concept de Dieu, une idée qui est née un beau jour et n'a plus cessé ensuite d'évoluer et de se propager, relayée et amplifiée par la parole, l'écriture, puis la musique, puis l'art, les prêtres la reproduisant et l'in-

terprétant de façon à l'adapter à l'espace et au temps dans lesquels ils vivent.
Mais les idées, plus que les êtres vivants, mutent vite. Par exemple l'idée de communisme, née de l'esprit de Karl Marx, s'est répandue très rapidement dans l'espace jusqu'à toucher la moitié de la planète. Elle a évolué, a muté, puis s'est finalement réduite pour ne concerner que de moins en moins de personnes à la manière d'une espèce animale en voie de disparition.
En même temps, elle a contraint l'idée de « capitalisme à l'ancienne » à muter, elle aussi.

Du combat des idées dans l'idéosphère surgit notre civilisation.

Du combat des idées dans l'idéosphère surgit notre civilisation.
Actuellement, les ordinateurs sont en passe de donner aux idées une accélération de mutation. Grâce à Internet, une idée peut se répandre plus vite dans l'espace et le temps et être plus rapidement encore confrontée à ses rivales ou à ses prédatrices. C'est excellent pour répandre les bonnes idées mais aussi les mauvaises, car dans la notion d'idée il n'y a pas de connotation « morale ».
En biologie, également, l'évolution n'obéit pas à une morale. Voilà pourquoi il faut peut-être réfléchir à deux fois avant de répandre les idées qui « traînent », car elles sont désormais plus puissantes que les hommes qui les inventent et que ceux qui les véhiculent.
Enfin, c'est juste une idée...

Mutation des Morues

La découverte récente d'une espèce de morue dotée de mutations ultra-rapides a surpris les chercheurs. Cette espèce vivant dans des eaux froides s'avère en effet bien plus évoluée que celles vivant tranquillement dans des eaux chaudes. On pense que les morues vivant dans les eaux froides et subissant un stress du fait de cette température ont laissé s'exprimer en elles des capacités de survie inattendues.

Il y a trois millions d'années, les hommes ont développé de même des capacités de mutations complexes mais celles-ci ne se sont pas toutes exprimées parce que, pour l'heure, elles sont tout simplement inutiles. Elles restent cependant stockées pour servir le cas échéant. Ainsi l'homme moderne possède en lui d'énormes ressources dissimulées au fond de ses gènes, encore inexploitées parce qu'il n'y a pas de raison de les réveiller.

UTOPIE

Thomas More

Le mot « utopie » a été inventé en 1516 par l'Anglais Thomas More. Du grec *u*, préfixe négatif, et *topos*, endroit, « utopie » signifie donc « qui ne se trouve en aucun endroit ».

Thomas More était un diplomate, un humaniste ami d'Érasme, doté du titre de chancelier du royaume d'Angleterre. Dans son livre intitulé *Utopie*, il décrit une île merveilleuse qu'il nomme précisément Utopie et où s'épanouit une société idyllique qui ignore l'impôt, la misère, le vol. Il pensait que la pre-

mière qualité d'une société « utopique » était d'être une société de « liberté ».
Il décrit ainsi son monde idéal : cent mille personnes vivant sur une île. Les citoyens sont regroupés par familles. Trente familles constituent un groupe qui élit un magistrat, le Syphogrante. Les Syphograntes forment eux-mêmes un conseil, qui élit un gouverneur à partir d'une liste de quatre candidats. Le prince est élu à vie, mais s'il devient tyrannique on peut le démettre. Pour les guerres, l'île d'Utopie emploie des mercenaires, les Zapolètes. Ces soldats sont censés se faire massacrer avec leurs ennemis pendant la bataille. Ainsi l'outil se détruit dès l'usage. Aucun risque de putsch militaire.
Sur Utopie il n'y a pas de monnaie, chacun se sert au marché en fonction de ses besoins. Toutes les maisons sont identiques. Il n'y a pas de serrures aux portes et chacun est contraint de déménager tous les dix ans afin de ne pas se figer dans ses habitudes. L'oisiveté est interdite. Pas de femmes au foyer, pas de prêtres, pas de nobles, pas de valets, pas de mendiants. Ce qui permet de réduire la journée de travail à six heures. Tout le monde est tenu d'accomplir un service agricole de deux ans pour approvisionner le marché gratuit. En cas d'adultère ou de tentative d'évasion de l'île, le citoyen d'Utopie perd sa qualité d'homme libre et devient esclave. Il doit alors travailler beaucoup plus et obéir à ses anciens concitoyens.
Disgracié en 1532 parce qu'il désavouait le divorce du roi Henri VIII, Thomas More fut décapité en 1535.

Sollicitation paradoxale

Alors qu'il avait sept ans le petit Ericsson regardait son père qui essayait de faire rentrer un veau dans une étable. Le père tirait fort sur la corde mais le veau se cabrait et refusait d'avancer. Le petit Ericsson éclata de rire et se moqua de son père. Le père lui dit : « Fais mieux, si tu te crois si malin. » Alors le petit Ericsson eut l'idée, plutôt que de tirer sur la corde, de faire le tour du veau et de tirer sur sa queue. Aussitôt, par réaction, le veau poussa en avant et entra dans l'étable.

Quarante ans plus tard, cet enfant inventait « l'hypnose éricssonnienne », une manière d'utiliser la sollicitation douce et la sollicitation paradoxale afin d'amener les patients à mieux se porter. De même, on peut vérifier quand on est parent que, si son enfant tient sa chambre désordonnée et qu'on lui demande de la ranger, il refusera. En revanche, si on aggrave le désordre en apportant plus de jouets et de vêtements et si on les jette n'importe où, l'enfant dira : « Arrête papa, ce n'est plus supportable, il faut ranger. »

Si on considère l'histoire, « la sollicitation paradoxale » est utilisée consciemment ou inconsciemment en permanence. Il a fallu les deux guerres mondiales et des millions de morts pour inventer la SDN puis l'ONU. Il a fallu les excès des tyrans pour inventer les Droits de l'homme. Il a fallu Tchernobyl pour prendre conscience des dangers des centrales atomiques mal sécurisées.

Alchimie

Toute manipulation alchimique vise à mimer ou à remettre en scène la naissance du monde. Six opérations sont nécessaires :
La calcination. La putréfaction. La solution. La distillation. La fusion. La sublimation.
Ces six opérations se déroulent en quatre phases :

L'œuvre au noir, qui est une phase de cuisson.
L'œuvre au blanc, qui est une phase d'évaporation.
L'œuvre au rouge, qui est une phase de mélange.
Et enfin la sublimation qui donne la poudre d'or.

Cette poudre est similaire à celle de Merlin l'Enchanteur dans la légende des chevaliers de la Table ronde. Il suffit de la déposer sur une personne ou un objet pour qu'elle le rende parfait. Beaucoup de récits et de mythes cachent en fait dans leur ossature cette recette. Par exemple Blanche-Neige : elle est le résultat final d'une préparation alchimique. Comment l'obtient-on ? Avec les sept nains (nain, issu de « gnome », ou « gnosis » : connaissance). Ces sept nains représentent les sept métaux : le plomb, l'étain, le fer, le cuivre, le mercure, l'argent, l'or, eux-mêmes liés aux sept planètes : Saturne, Jupiter, Mars, Vénus, Mercure, Lune, Soleil, elles-mêmes liées aux sept principaux caractères humains : grincheux, simplet, rêveur, etc.

Coopération, réciprocité, pardon

En 1974, le philosophe et psychologue Anatol Rapaport de l'université de Toronto émet l'idée que la manière la plus « efficace » de se compor-

ter vis-à-vis d'autrui est : 1. la coopération, 2. la réciprocité, 3. le pardon. C'est-à-dire que lorsqu'un individu, ou une structure, ou un groupe rencontre d'autres individus, structure ou groupe, il a tout intérêt à rechercher une alliance. Ensuite il importe, selon la règle de réciprocité, de donner à l'autre en fonction de ce que l'on reçoit. Si l'autre aide, on l'aide ; si l'autre agresse, il faut l'agresser en retour, de la même manière et avec la même intensité. Enfin il faut pardonner et proposer de nouveau la coopération.

En 1979, le mathématicien Robert Axelrod organisa un tournoi entre logiciels autonomes capables de se comporter comme des êtres vivants. Une seule contrainte : chaque programme devait être équipé d'une routine de communication, sous-programme lui permettant de discuter avec ses voisins.

En 1979, le mathématicien Robert Axelrod organisa un tournoi entre logiciels autonomes capables de se comporter comme des êtres vivants.

Robert Axelrod reçut quatorze disquettes de programmes envoyées par des collègues, universitaires également intéressés par ce tournoi. Chaque programme proposait des lois différentes de comportement (pour les plus simples, deux lignes de code de conduite, pour les plus complexes, une centaine). Le but étant d'accumuler le maximum de points.

Certains programmes avaient pour règle d'exploiter au plus vite l'autre, de lui voler ses points puis de changer de partenaires. D'autres essayaient de se débrouiller seuls, gardant précieusement leurs points et fuyant tout contact avec ceux susceptibles de les voler. Il y avait des règles du type : « Si l'autre

est hostile, l'avertir qu'il doit modifier son comportement puis procéder à une punition. » Ou encore : « Coopérer puis trahir par surprise. »
Chaque programme fut opposé deux cents fois à chacun des autres concurrents. Celui d'Anatol Rapaport, équipé du comportement CRP (Coopération-Réciprocité-Pardon), battit tous les autres.
Encore plus fort : le programme CRP, placé cette fois en vrac au milieu des autres, était au début perdant devant les programmes agressifs, mais il finit par être victorieux puis même « contagieux » au fur et à mesure qu'on lui laissa du temps. Les programmes voisins, constatant qu'il était le plus efficace pour accumuler des points, alignèrent en effet leur attitude sur la sienne. A la longue la méthode est payante. Ce n'est pas de la gentillesse, il y va juste de votre propre intérêt démontré par l'informatique.

Hiérarchie chez les rats

Une expérience a été effectuée sur des rats. Pour étudier leur aptitude à nager, un chercheur du laboratoire de biologie comportementale de la faculté de Nancy, Didier Desor, en a réuni six dans une cage dont l'unique issue débouchait sur une piscine qu'il leur fallait traverser pour atteindre une mangeoire distribuant les aliments. On a rapidement constaté que les six rats n'allaient pas chercher leur nourriture en nageant de concert. Des rôles sont apparus qu'ils s'étaient ainsi répartis : deux nageurs exploités, deux non-nageurs exploiteurs, un nageur autonome et un non-nageur souffre-douleur.

Les deux exploités allaient chercher la nourriture en nageant sous l'eau. Lorsqu'ils revenaient à la cage, les deux exploiteurs les frappaient et leur enfonçaient la tête sous l'eau jusqu'à ce qu'ils lâchent leur magot. Ce n'est qu'après avoir nourri les deux exploiteurs que les deux exploités soumis pouvaient se permettre de consommer leurs propres croquettes. Les exploiteurs ne nageaient jamais, ils se contentaient de rosser les nageurs pour être nourris.
L'autonome était un nageur assez robuste pour ne pas céder aux exploiteurs. Le souffre-douleur, enfin, était incapable de nager et incapable d'effrayer les exploités, alors il ramassait les miettes tombées lors des combats. La même structure – deux exploités, deux exploiteurs, un autonome et un souffre-douleur – se retrouva dans les vingt cages où l'expérience fut reconduite.
Pour mieux comprendre ce mécanisme de hiérarchie, Didier Desor plaça six exploiteurs ensemble. Ils se sont battus toute la nuit. Au matin, ils avaient recréé les mêmes rôles. Deux exploiteurs, deux exploités, un souffre-douleur, un autonome. Et on a obtenu encore le même résultat en réunissant six exploités dans une même cage, six autonomes, ou six souffre-douleur.
Autre prolongation de cette recherche, les savants de Nancy ont ouvert par la suite les crânes et analysé les cerveaux. Or les plus stressés n'étaient ni les souffre-douleur, ni les exploités, mais les exploiteurs. Ils redoutaient de ne plus être obéis par les exploités.

Tibet

Lorsque les Chinois annexèrent le Tibet, ils y installèrent des familles chinoises pour prouver au monde que ce pays était peuplé de Chinois. Mais au Tibet, la pression atmosphérique est difficile à supporter. Elle provoque des vertiges et des œdèmes chez ceux qui n'y sont pas habitués. Et par on ne sait quel mystère physiologique, les femmes chinoises s'avérèrent incapables d'accoucher là-bas tandis que les femmes tibétaines donnaient le jour sans problème dans les villages les plus élevés. Tout se passait comme si la terre tibétaine rejetait les envahisseurs, organiquement inadaptés au pays.

Omelette

L'ordre génère le désordre, le désordre génère l'ordre. En théorie, si on brouille un œuf pour en faire une omelette, il existe une probabilité infime que l'omelette puisse reprendre la forme de l'œuf dont elle est issue. Mais cette probabilité existe. Et plus on introduira de désordre dans cette omelette, plus on multipliera les chances de retrouver l'ordre de l'œuf initial.

L'ordre n'est donc qu'une combinaison de désordres. Plus notre univers ordonné se répand, plus il entre en désordre. Désordre qui, se répandant lui-même, génère des ordres nouveaux dont rien n'exclut que l'un ne puisse être identique à l'ordre primitif. Droit devant nous, dans l'espace et dans le temps, au bout de notre univers chaotique se trouve, qui sait, le big bang originel.

Pouvoir des chiffres

Par leurs formes, les chiffres nous racontent l'évolution de la conscience. Tout ce qui est courbe indique l'amour. Tout ce qui est trait horizontal indique l'attachement. Tout ce qui est croisement indique les épreuves. Examinons-les.

0 : c'est le vide. L'œuf originel fermé.

1 : c'est le stade minéral. Ce n'est qu'un trait. C'est l'immobilité. C'est l'apparition de la matière. Pas de courbe d'amour. Pas de trait horizontal d'attachement. Pas de croix d'épreuve. Le minéral n'a pas de conscience. Il est juste là.

2 : c'est le stade végétal. La partie inférieure est composée d'un trait horizontal, le végétal est donc attaché à la terre. Le végétal ne peut bouger son pied, il est esclave du sol, mais il est doté d'une courbe à sa partie supérieure. Le végétal aime le ciel et la lumière et c'est pour eux que la fleur se fait belle dans sa partie élevée.

3 : c'est le stade animal. Il n'y a plus de trait horizontal. L'animal s'est détaché de la terre. Il peut se mouvoir. Il y a deux boucles. Il aime en haut et en bas. Il aime le ciel, il aime la terre, mais il n'est attaché ni à l'un ni à l'autre. L'animal réagit en esclave de ses émotions. Ces deux boucles sont aussi deux bouches, l'une pour embrasser, l'autre pour mordre. L'animal est prédateur et proie. Il a peur en permanence. Peur de ne pas être nourri, peur de ne pas être aimé. C'est pour cela qu'il s'agite constamment.

4 : c'est le stade humain. Il est représenté par une croix. Il est à la croisée des chemins. C'est le premier chiffre à croisement. Si le 4 réussit son changement, il bascule dans le monde supérieur. Grâce à son simple libre arbitre il a le choix entre rester

au stade animal (et donc vivre dans la peur et l'envie), stagner dans le croisement (attitude qui consiste à laisser ses enfants résoudre le problème à sa place) ou évoluer vers le niveau de conscience supérieur. C'est l'enjeu actuel de l'humanité.
5 : c'est l'humain spirituel. Si l'on observe son dessin, c'est l'inverse du 2. Le 5 a le trait d'attachement en haut, il est lié au ciel. Il a une courbe en bas : il aime la terre et ses habitants. Ayant réussi à se libérer du sol, et donc des besoins matériels, il arrive à comprendre ce qui se passe en dessous, et il aime globalement l'humanité et la vie. C'est l'humain éclairé, l'être conscient de l'enjeu de l'aventure de la conscience.
6 : c'est une courbe continue, sans angle, sans trait. C'est l'amour total. C'est une spirale qui, grâce à sa spire (ou spiritualité), s'apprête à aller vers l'infini. Le 6 s'est libéré du ciel et de la terre, de tout blocage supérieur ou inférieur. C'est un pur esprit sans matière. C'est l'ange. Il est pur canal vibratoire. 6 est également la forme du fœtus en gestation. Chaque fois que l'on trace ces chiffres, on transmet cette sagesse.

Sexualité des punaises des lits

De toutes les formes de sexualité animale, celle des punaises des lits (*Cimex lectularius*) est la plus stupéfiante. Nulle imagination humaine n'égale une telle perversion.
Première particularité : le priapisme. La punaise des lits copule énormément. Certains individus ont plus de deux cents rapports par jour.

Seconde particularité : l'homosexualité et la bestialité. Les punaises des lits ont du mal à distinguer leurs congénères et, parmi ces congénères, elles éprouvent encore plus de difficultés à reconnaître les mâles des femelles. 50% de leurs rapports sont homosexuels, 20% se produisent avec des animaux étrangers, 30% enfin s'effectuent avec des femelles.
Troisième particularité : le pénis perforateur. Les punaises des lits sont équipées d'un long sexe à corne pointue. Au moyen de cet outil semblable à une seringue, les mâles percent les carapaces et injectent leur semence n'importe où, dans la tête, le ventre, les pattes, le dos et même le cœur de leur dame ! L'opération n'affecte guère la santé des femelles, mais comment tomber enceinte dans ces conditions ? D'où la...
Quatrième particularité : la vierge enceinte. De l'extérieur, son vagin paraît intact et, pourtant, elle a reçu un coup de pénis dans le dos. Comment les spermatozoïdes mâles vont-ils alors survivre dans le sang ? En fait, la plupart seront détruits par le système immunitaire, tels de vulgaires microbes étrangers. Pour multiplier les chances qu'une centaine de ces gamètes mâles arrivent à destination, la quantité de sperme lâchée est phénoménale. A titre de comparaison, si les mâles punaises étaient dotés d'une taille humaine, ils expédieraient trente litres de sperme à chaque éjaculation. Sur cette multitude, un tout petit nombre survivra.
Cachés dans les recoins des artères, planqués dans les veines, ils attendront leur heure. La femelle passe l'hiver squattée par ces locataires clandestins. Au printemps, guidés par l'instinct, tous les spermatozoïdes de la tête, des pattes et du ventre se rejoignent autour des ovaires, les transpercent et s'y

enfoncent. La suite du cycle se poursuivra sans problème aucun.

Cinquième particularité : les femelles aux sexes multiples. A force de se faire perforer n'importe où par des mâles indélicats, les femelles punaises se retrouvent couvertes de cicatrices dessinant des fentes brunes cernées d'une zone claire, semblables à des cibles. On peut ainsi savoir précisément combien la femelle a connu d'accouplements.

La nature a encouragé ces coquineries en engendrant d'étranges adaptations. Génération après génération, des mutations ont abouti à l'incroyable.

La nature a encouragé ces coquineries en engendrant d'étranges adaptations.

Les filles punaises se sont mises à naître nanties de ces cible brunes, auréolées de clair, sur leur dos. A chaque tache correspond un réceptacle, « sexe succursale » directement relié au sexe principal. Cette particularité existe actuellement à tous les échelons de son développement : pas de cicatrices, quelques cicatrices réceptacles à la naissance, véritables vagins secondaires dans le dos.

Sixième particularité : l'autococufiage. Que se passe-t-il lorsqu'un mâle est perforé par un autre mâle ? Le sperme survit et fonce comme à son habitude vers la région des ovaires. N'en trouvant pas, il déferle sur les canaux déférents de son hôte et se mêle à ses spermatozoïdes autochtones. Résultat : lorsque le mâle passif percera, lui, une dame, il lui injectera ses propres spermatozoïdes mais aussi ceux du mâle avec lequel il aura entretenu des rapports homosexuels.

Septième particularité : l'hermaphrodisme. La nature n'en finit pas d'effectuer des expériences étranges sur cet étrange insecte. Les mâles punaises ont eux aussi muté. En Afrique vit la punaise *Afrocimex constrictus* dont les mâles naissent avec de petits vagins secondaires dans le dos. Ceux-ci, cependant, ne sont pas féconds. Il semble qu'ils soient là à titre « décoratif » ou encore pour encourager les rapports homosexuels.
Huitième particularité : le sexe-canon qui tire à distance. Certaines espèces de punaises tropicales, les *Antochorides scolopelliens*, en sont pourvues. Le canal spermatique forme un gros tube épais, roulé en colimaçon, dans lequel le liquide séminal est comprimé. Le sperme est ensuite propulsé à grande vitesse par des muscles spéciaux qui l'expulsent hors du corps. Ainsi, lorsqu'un mâle aperçoit une femelle à quelques centimètres de lui, il vise de son pénis les cibles vagins dans le dos de la demoiselle. Le jet fend les airs. La puissance de ces tirs est telle que le sperme parvient à transpercer la carapace, plus fine en ces endroits.

Genèse

Toute la Bible est contenue dans le premier chapitre de la Genèse. (Celui qui raconte la création du monde.) Ce premier chapitre est lui-même contenu dans le premier mot hébreu qui l'introduit : *béréchit* qui signifie « genèse » (plus généralement mal traduit par « au commencement »).
Ce mot est lui-même contenu dans sa première syllabe, *ber*, qui veut dire « le petit-fils ». Symbole de l'enfantement auquel nous avons tous vocation.

Mais cette syllabe est elle-même contenue dans sa première lettre, *b*. Qui se prononce en hébreu beth. *Beth*, dont le dessin représente un carré ouvert avec un point au milieu. Ce carré symbolise la maison ou la matrice renfermant l'œuf, le fœtus, petit point appelé à grandir.
Pourquoi la Bible commence-t-elle par la deuxième lettre de l'alphabet et non par la première ? Parce que *b* représente la dualité du monde, *a*, *aleph* (hydrogène), c'est l'unité d'où tout est sorti. *B*, *beth*, c'est l'émanation, la projection de cette unité. *B*, c'est l'autre.
Nous sommes issus de « un », donc nous sommes « deux ». Nous vivons dans un monde de dualité et dans la nostalgie, voire la quête, de l'unité, l'*aleph*, le point d'où tout est parti.

Tentative

Entre
Ce que je pense
Ce que je veux dire
Ce que je crois dire
Ce que je dis
Ce que vous avez envie d'entendre
Ce que vous croyez entendre
Ce que vous entendez
Ce que vous avez envie de comprendre
Ce que vous croyez comprendre
Ce que vous comprenez
Il y a dix possibilités qu'on ait des difficultés à communiquer.
Mais essayons quand même…

Pourquoi la Bible commence-t-elle par la deuxième lettre de l'alphabet et non par la première ? Parce que B représente la dualité du monde

Pouvoir de la pensée

La pensée humaine peut tout.

Dans les années cinquante, un porte-conteneurs anglais, transportant des bouteilles de vin de Madère en provenance du Portugal, vient débarquer sa cargaison dans un port écossais. Un marin s'introduit dans la chambre froide pour vérifier que tout a bien été livré. Ignorant sa présence, un autre marin referme la porte de l'extérieur. Le prisonnier frappe de toutes ses forces contre les cloisons mais personne ne l'entend et le navire repart pour le Portugal.

L'homme découvre suffisamment de nourriture mais il sait qu'il ne pourra survivre longtemps dans ce lieu frigorifique. Il trouve pourtant l'énergie de saisir un morceau de métal et de graver sur les parois, heure après heure, jour après jour, le récit de son calvaire. Avec une précision scientifique, il raconte son agonie. Comment le froid l'engourdit, gelant son nez, ses doigts et ses orteils. Il décrit comment la morsure de l'air se fait brûlure intolérable.

Lorsque le bateau jette l'ancre à Lisbonne, le capitaine qui ouvre le conteneur découvre le marin mort. On lit son histoire gravée sur les murs. Le plus stupéfiant n'est pas là. Le capitaine relève la température à l'intérieur du conteneur. Le thermomètre indique 19°C. Puisque le lieu ne contenait plus de marchandises, le système de réfrigération n'avait pas été activé durant le trajet de retour. L'homme était mort uniquement parce qu'il « croyait » avoir froid. Il avait été victime de sa seule imagination.

Romains en Chine

En 54 avant Jésus-Christ, le général Marcus Licinius Crassus Dives, proconsul de Syrie, jaloux des succès de Jules César en Gaule, se lance à son tour dans les grandes conquêtes. César a étendu son emprise sur l'Occident jusqu'à la Grande-Bretagne, Crassus veut envahir l'Orient jusqu'à atteindre la mer. Donc ses légions se mettent en marchent vers l'est. Seulement, l'empire des Parthes se trouve sur son chemin. A la tête d'une gigantesque armée, Crassus affronte l'obstacle. C'est la bataille de Carres mais c'est Surena, le roi des Parthes, qui l'emporte. Du coup, c'en est fini de la conquête romaine de l'Est puisque Crassus est tué.
Cette tentative eut des conséquences inattendues. Les Parthes firent de nombreux prisonniers romains qui servirent dans leur armée en lutte contre le royaume Kushana. Les Parthes furent à leur tour défaits et leurs Romains se retrouvèrent incorporés dans l'armée Kushana, en guerre, elle, contre l'empire de Chine. Nouvelle bataille. Les Chinois l'emportent, si bien que les prisonniers romains voyageurs finissent dans les troupes de l'empereur de Chine.
Là, si l'on est surpris par ces hommes blancs, on est surtout admiratif devant leur science en matière de construction de catapultes, balistes et autres armes de siège. On les adopte, au point de les émanciper et de leur donner une ville en apanage. Les soldats prisonniers épousèrent des Chinoises et leur firent des enfants. Des années plus tard, lorsque des négociants romains leur proposèrent de les ramener au pays, ils déclinèrent l'offre, se déclarant plus heureux en Chine.

Le chat de Schrödinger

L'observateur modifie ce qu'il observe. Certains événements ne se produisent que parce qu'ils sont observés. Sans personne pour les voir ils n'existeraient pas. C'est le sens même de l'expérience dite du « chat de Schrödinger ».
Un chat est enfermé dans une boîte hermétique et opaque. Un appareil délivre au hasard une décharge électrique capable de le tuer. Mettons une seconde l'appareil en marche, puis arrêtons-le. Est-ce que l'appareil a lâché sa décharge mortelle ? Est-ce que le chat est encore vivant ? Pour un physicien classique le seul moyen de le savoir est d'ouvrir la boîte et de regarder. Pour un physicien quantique il est acceptable de dire que le chat est à 50% mort et à 50% vivant. Tant qu'on n'aura pas ouvert la boîte, on considérera qu'il y a à l'intérieur une moitié de chat vivant.
Au-delà de ce débat sur la physique quantique, il existe une personne qui sait si le chat est mort ou si le chat est vivant même sans ouvrir la boîte : c'est le chat lui-même.

Le cadeau de la mouche verte

Chez les mouches vertes, la femelle dévore le mâle durant l'accouplement. Les émotions lui ouvrent l'appétit et la première tête qui traîne à côté d'elle lui semble un excellent déjeuner. Mais si le mâle veut faire l'amour, il n'a pas envie pour autant de mourir croqué par sa belle.
Aussi, pour se tirer de cette situation cornélienne, avoir l'Éros sans le Thanatos, le mâle mouche verte

a trouvé un stratagème. Il apporte un morceau d'aliment en « cadeau ». Ainsi, lorsque madame la mouche verte a son petit creux, elle peut profiter d'un bout de viande à déguster et son partenaire peut copuler sans danger. Chez un groupe encore plus évolué de ces mouches, le mâle apporte sa viande d'insecte empaquetée dans un cocon transparent, gagnant ainsi un précieux surcroît de temps. Un troisième groupe de ces mouches vertes a tiré les conséquences de ce que le temps d'ouverture du cadeau comptait plus, du point de vue du mâle, que la qualité du présent lui-même. Chez cette troisième catégorie, le cocon d'emballage est épais, volumineux et… vide. Le temps que la femelle découvre la supercherie, et le mâle a terminé son affaire.
Du coup chacun réajuste son comportement.
Chez les mouches de type *Empis*, par exemple, la femelle secoue le cocon pour vérifier qu'il n'est pas vide. Mais… là encore il existe une parade. Le mâle prévoyant garnit le paquet cadeau de ses propres excréments, juste assez lourds pour pouvoir passer pour des morceaux de viande.

Essaimage

Chez les abeilles, l'essaimage obéit à un rite insolite. Une cité, un peuple, un royaume tout entier, au summum de sa prospérité, décide subitement de tout remettre en cause. La vieille reine s'en va en abandonnant ses plus précieux trésors : stocks de nourriture, quartiers construits, palais somptueux, réserves de cire, de propolis, de pollen,

de miel, de gelée royale. Et elle les laisse à qui ? A des nouveau-nés féroces. Accompagnée de ses ouvrières, la souveraine quitte la ruche pour s'installer dans un ailleurs incertain où elle ne parviendra le plus souvent jamais.
Quelques minutes après son départ, les enfants abeilles se réveillent et découvrent leur ville déserte. Chacun sait d'instinct ce qu'il a à faire. Les ouvrières asexuées se précipitent pour aider les princesses sexuées à éclore. Les belles au bois dormant assoupies dans leurs capsules sacrées connaissent leurs premiers battements d'ailes.
Mais la première en état de marcher affiche d'emblée un comportement meurtrier. Elle fonce vers les autres berceaux de princesses abeilles et les lamine de ses petites mandibules. Elle empêche les ouvrières de les dégager. Elle transperce ses sœurs de son aiguillon venimeux. Plus elle tue, plus elle s'apaise. Si une ouvrière veut protéger un berceau royal, la princesse pousse un « cri », très différent du bourdonnement qu'on perçoit généralement autour d'une ruche. Ses sujettes baissent alors la tête en signe de résignation et laissent les crimes se poursuivre.
Parfois une princesse se défend et on assiste à des combats. Fait étrange, lorsqu'il ne reste plus que deux princesses abeilles à se battre en duel, elles ne se trouvent jamais en position de se percer mutuellement de leur dard. Il faut à tout prix qu'il y ait une survivante. Malgré leur rage de gouverner, elles ne prendront jamais le risque de mourir simultanément et de laisser la ruche orpheline.
Une fois le ménage effectué, la princesse abeille survivante sort alors de la ruche pour se faire féconder en vol par les mâles. Un cercle ou deux autour de la cité et elle revient pour se mettre à pondre.

Solidarité

La solidarité naît de la douleur et non de la joie. On se sent plus proche de quelqu'un qui a subi avec vous une épreuve pénible que de quelqu'un qui a partagé avec vous un moment heureux.
Le malheur est source de solidarité et d'union alors que le bonheur divise. Pourquoi ? Parce que, lors d'un triomphe commun, chacun se sent lésé par rapport à son propre mérite. Chacun s'imagine être l'unique auteur d'une commune réussite.
Combien de familles se sont divisées à l'heure d'un héritage ? Combien de groupes de rock and roll ont pu rester soudés malgré leur succès ? Combien de mouvements politiques ont éclaté, le pouvoir pris ?
Étymologiquement, le mot « sympathie » provient d'ailleurs du grec *sumpatheia* qui signifie « souffrir avec ». De même « compassion » est issu du latin *compassio* signifiant lui aussi « souffrir avec ».
C'est en imaginant la souffrance des martyrs de son groupe de référence qu'on peut un instant quitter son insupportable individualité. C'est dans le souvenir d'un calvaire vécu en commun que résident la force et la cohésion d'un groupe.

Dieu

Dieu, par définition, est omniprésent et omnipotent. S'il existe, il est donc partout et peut tout faire. Mais s'il peut tout faire, est-il aussi capable de générer un monde d'où il est absent et où il ne peut rien faire ?

*Mais s'il peut tout faire, est-il aussi capable de générer un monde d'où il est absent et où il ne peut rien faire ?

Croisade des enfants

En Occident, une croisade des enfants eut lieu en 1212. Des jeunes désœuvrés avaient tenu le raisonnement suivant : « Les adultes et les nobles ont échoué à libérer Jérusalem parce que leurs esprits sont impurs. Or nous sommes des enfants, donc nous sommes purs. » L'élan toucha essentiellement le Saint Empire romain germanique. Un groupe d'enfants le quitta pour se répandre sur les routes en direction de la Terre sainte. Ils ne disposaient pas de cartes. Ils s'imaginaient aller vers l'est mais, en fait, ils se dirigeaient vers le sud. Ils descendirent la vallée du Rhône et, en chemin, leur foule s'accrut jusqu'à comprendre plusieurs milliers d'enfants, qui pillaient et volaient les paysans pour se nourrir.
Plus loin, leur signalèrent des habitants, ils se heurteraient à la mer. Cela les rassura. Ils étaient convaincus que, comme pour Moïse, la mer s'ouvrirait pour laisser passer cette armée d'enfants et l'amener à pied sec jusqu'à Jérusalem. Tous parvinrent jusqu'à Marseille, où la mer ne s'ouvrit pas. Vainement ils attendirent sur le port jusqu'à ce que deux Siciliens leur proposent de les conduire en bateau à Jérusalem. Les enfants crurent au miracle.
Il n'y eut pas de miracle. Les deux Siciliens étaient liés à une bande de pirates tunisiens qui les menèrent non pas à Jérusalem mais à Tunis où ils furent tous vendus comme esclaves, à bon prix, sur le marché.

Croisade de Pierre l'Ermite...

Le pape Urbain II lança en 1096 la première croisade pour la libération de Jérusalem. Y participèrent des pèlerins déterminés mais dénués de toute expérience militaire. A leur tête : Gautier Sans Avoir et Pierre l'Ermite. Les croisés avancèrent vers l'est sans même savoir quels pays ils traversaient. Comme ils n'avaient pas de vivres, ils pillèrent tout sur leur passage et provoquèrent ainsi bien plus de dégâts en Occident qu'en Orient. Ces « représentants de la vraie foi » se transformèrent rapidement en une cohorte de vagabonds loqueteux, sauvages et dangereux. Le roi de Hongrie, pourtant chrétien lui aussi, irrité par les dommages causés par ces va-nu-pieds, les attaqua pour protéger ses paysans de leurs agressions. Les rares survivants qui parvinrent à rejoindre la côte turque étaient précédés d'une telle réputation de barbares, mi-hommes mi-bêtes, qu'à Nicée les autochtones les achevèrent sans la moindre hésitation.

... Et croisade de Godefroi de Bouillon

Godefroi de Bouillon prit la tête de la croisade des seigneurs pour la libération de Jérusalem et du Saint-Sépulcre. Cette fois, quatre mille cinq cents chevaliers aguerris encadraient la centaine de milliers de pèlerins. Pour la plupart, c'étaient de jeunes cadets de la noblesse, privés de tout fief en raison du droit d'aînesse. Sous couvert de religion, ces

nobles déshérités espéraient conquérir des châteaux étrangers et posséder enfin des terres.
Ce qu'ils firent. Chaque fois qu'ils s'emparaient d'un château, les chevaliers s'y installaient, abandonnant la croisade. Souvent ils se battirent entre eux pour la possession des terres d'une ville vaincue. Le prince Bohémond de Tarente, par exemple, décida de faire main basse sur Antioche pour son compte personnel.
Paradoxe : pour mieux parvenir à leurs fins, on vit des nobles occidentaux faire alliance avec des émirs orientaux et combattre d'autres croisés alliés à d'autres émirs. Arriva le moment où on ne sut plus qui combattait avec qui et contre qui ni pourquoi. Beaucoup avaient même oublié le but originel de la croisade.

Pour la plupart, c'étaient de jeunes cadets de la noblesse, privés de tout fief en raison du droit d'aînesse.

Zombies

Le cycle de la grande douve du foie (*Fasciola hepatica*) constitue certainement l'un des plus grands mystères de la nature. Cet animal mériterait un roman. Comme son nom l'indique, il s'agit d'un parasite qui prospère dans le foie, en l'occurrence des moutons. La douve se nourrit de sang et des cellules hépatiques, grandit puis pond ses œufs. Mais les œufs de douve ne peuvent pas éclore dans le foie du mouton. Tout un périple les attend.
Les œufs quittent le corps du mouton avec ses excré-

ments. Après une période de mûrissement, les œufs éclosent et laissent sortir une minuscule larve. Laquelle sera consommée par un nouvel hôte, l'escargot. Dans le corps de l'escargot, la larve de douve se multipliera avant d'être éjectée dans les mucosités que crache le gastéropode en période de pluie. Mais elle n'a encore accompli que la moitié du chemin.

Ces mucosités, sortes de grappes de perles blanches, attirent les fourmis, et les douves pénètrent grâce à ce cheval de Troie à l'intérieur de l'organisme insecte. Elles ne demeurent pas longtemps dans le jabot social des myrmécéennes. Elles en sortent en le perçant de milliers de trous, le transformant en passoire qu'elles referment avec une colle qui durcit et permet à la fourmi de survivre à l'incident. Il ne faut surtout pas tuer la fourmi, indispensable pour refaire la jonction avec le mouton. Car, à présent, les larves sont devenues des douves adultes qui doivent retourner dans le foie d'un mouton pour compléter leur cycle de croissance.

Mais que faire pour qu'un mouton dévore une fourmi, lui qui n'est pas insectivore ? Des générations de douves ont dû se poser la question. Le problème était d'autant plus compliqué à résoudre que c'est aux heures fraîches que les moutons broutent le haut des herbes et que les fourmis quittent leur nid aux heures chaudes pour circuler au pied de ces herbes. Comment les réunir au même endroit et aux mêmes heures ?

Les douves ont trouvé la solution en s'éparpillant dans le corps de la fourmi. Une dizaine s'installent dans le thorax, une dizaine dans les pattes, une dizaine dans l'abdomen et une seule dans le cerveau. Dès l'instant où cette unique larve de douve s'implante dans son cerveau, le comportement de la fourmi se modifie. La douve, petit ver primitif proche de la paramécie et donc des êtres unicellulaires les plus frustes, pilote dorénavant la fourmi si complexe. Résultat : le soir, alors que toutes les ouvrières dorment, les fourmis contaminées par les douves quittent leur cité. Elles avancent en somnambules et montent s'accrocher aux cimes des herbes. Et pas de n'importe quelles herbes, celles que préfèrent les moutons : luzerne et bourse-à-pasteur. Tétanisées, les fourmis attendent là d'être broutées.

Tel est le travail de la douve du cerveau : faire sortir tous les soirs son hôte jusqu'à ce qu'il soit consommé par un mouton. Car au matin, dès que la chaleur revient, si elle n'a pas été gobée par un ovin, la fourmi retrouve le contrôle de son cerveau et de son libre arbitre. Elle se demande ce qu'elle fait là, en haut d'une herbe. Elle en redescend vite pour regagner son nid et vaquer à ses tâches habituelles. Jusqu'au soir suivant où, comme le zombie qu'elle est devenue, elle ressortira avec toutes ses compagnes infectées par les douves pour attendre d'être broutée.

Ce cycle pose aux biologistes de multiples problèmes. Première question : comment la douve blottie dans le cerveau peut-elle voir au-dehors et ordonner à la fourmi d'aller vers telle ou telle herbe ? Deuxième question : la douve qui dirige le cerveau de la fourmi mourra au moment de l'ingestion par le mouton. Comment se fait-il qu'elle et elle seule se sacrifie ? Tout se passe comme si les douves avaient accepté que l'une d'elles, et la meilleure, meure pour que toutes les autres atteignent leur but et terminent le cycle.

Recette du corps humain

Vous n'êtes pas simplement un nom et un prénom, dotés d'une histoire sociale. Voici votre véritable composition.

Vous êtes 71% d'eau claire, 18% de carbone, 4% d'azote, 2% de calcium, 2% de phosphore, 1% de potassium, 0,5% de soufre, 0, 5% de sodium, 0, 4% de chlore. Plus une bonne cuillerée à soupe d'oligo-éléments divers : magnésium, zinc, manganèse, cuivre, iode, nickel, brome, fluor, silicium. Plus encore une petite pincée de cobalt, aluminium, molybdène, vanadium, plomb, étain, titane, bore. Voilà la recette de votre existence.

Tous ces matériaux proviennent de la combustion des étoiles et on peut les trouver ailleurs que dans votre corps. Votre eau est similaire à celle du plus anodin des océans. Votre phosphore vous rend solidaire des allumettes. Votre chlore est identique à celui qui sert à désinfecter les piscines. Mais vous n'êtes pas que cela.

Vous êtes une cathédrale chimique, un faramineux jeu de construction avec ses dosages, ses équilibres, ses mécanismes d'une complexité à peine concevable. Car vos molécules sont elles-mêmes constituées d'atomes, de particules, de quarks, de vide, le tout lié par des forces électromagnétiques, gravitationnelles, électroniques, d'une subtilité qui vous dépasse.

Rien de ce qui vous entoure dans le temps et dans l'espace n'est inutile. Vous n'êtes pas inutile. Votre vie éphémère a un sens. Elle ne vous conduit pas à une impasse. Tout a un sens. Agissez. Faites quelque chose, de minuscule peut-être, mais bon sang, faites quelque chose de votre vie avant de mourir. Vous

n'êtes pas né pour rien. Découvrez ce pour quoi vous êtes né.
Quelle est votre infime mission ?
Vous n'êtes pas né par hasard.

Princesse de la nuit

On la voit au début de la nuit et à la fin du matin. On la voit deux fois dans l'année. Et elle apparaît lorsqu'on regarde la lune.
Qui est-ce ?
Solution : la lettre « N ».

Piège indien

Les Indiens du Canada font usage d'un piège à ours des plus rudimentaires. Il consiste en une grosse pierre enduite de miel, suspendue à une branche d'arbre par une corde. Lorsqu'un ours aperçoit ce qu'il croit être une gourmandise, il s'avance et tente d'attraper la pierre en lui donnant un coup de patte. Il crée ainsi un mouvement de balancier et la pierre vient le frapper. L'ours s'énerve et cogne de plus en plus fort. Et plus il cogne fort, plus il se fait cogner. Jusqu'à son K-O final.
L'ours est incapable de penser : « Et si j'arrêtais ce cycle de la violence ? » Il ne ressent que de la frustration. « On me donne des coups, je les rends ! » se dit-il. D'où sa rage exponentielle. Pourtant, s'il cessait de la frapper, la pierre s'immobiliserait et il remarquerait peut-être alors, une fois le calme réta-

bli, qu'il ne s'agit que d'un objet inerte accroché à une corde. Il n'aurait plus qu'à trancher celle-ci avec ses crocs pour faire choir la pierre et en lécher le miel.

Acacia cornigera

Le *cornigera* est un arbuste qui ne pourra devenir un arbre adulte qu'à la curieuse condition d'être habité par des fourmis. Pour s'épanouir, il a en effet besoin que des fourmis le soignent et le protègent. Aussi, pour attirer les myrmécéennes, l'arbre s'est au fil des ans mué en une fourmilière géante.
Toutes ses branches sont creuses et, dans chacune, un réseau de couloirs et de salles est prévu uniquement pour le confort des fourmis. Mieux : dans ces couloirs vivent souvent des pucerons blancs dont le miellat fait le délice des ouvrières et des soldates myrmécéennes. Le *cornigera* fournit donc gîte et couvert aux fourmis qui voudront bien lui faire l'honneur de s'y installer. En échange, celles-ci remplissent leurs devoirs d'hôtes. Elles évacuent toutes les chenilles, pucerons extérieurs, limaces, araignées et autres xylophages qui voudraient encombrer les ramures. Chaque matin, elles coupent à la mandibule les lierres et autres plantes grimpantes qui voudraient parasiter l'arbre.
Les fourmis dégagent les feuilles mortes, grattent les lichens, soignent l'arbre avec leur salive désinfectante.
Une collaboration aussi réussie entre espèce végétale et espèce animale se rencontre rarement dans la nature. Grâce au soutien de ses alliées fourmis,

l'acacia *cornigera* s'élève le plus souvent au-dessus de la masse des autres arbres qui pourraient lui faire ombrage. Il domine leurs cimes et capte donc directement les rayons du soleil.

Espagnols au Mexique

L'arrivée des premiers Occidentaux en Amérique centrale a donné lieu à un vaste quiproquo, la religion aztèque enseignant qu'un jour arriveraient sur terre des messagers du dieu serpent à plumes, Quetzalcoatl. Ils auraient la peau claire, trôneraient sur de grands animaux à quatre pattes et cracheraient le tonnerre pour châtier les impies.
Si bien que lorsque, en 1519, on leur signala que des cavaliers espagnols venaient de débarquer sur la côte mexicaine, les Aztèques pensèrent qu'il s'agissait de *teotl* (divinités en langue nahuatl).
Pourtant, en 1511, juste quelques années avant cette apparition, un homme les avait mis en garde. Guerrero était un marin espagnol qui avait fait naufrage sur les rivages du Yucatán, quand les troupes de Cortés étaient encore cantonnées sur les îles de Saint-Domingue et de Cuba.
Guerrero se fit facilement accepter par la population locale et épousa une autochtone. Il annonça que les conquistadors débarqueraient bientôt. Il leur dit qu'ils n'étaient ni des dieux ni des envoyés des dieux. Il les avertit qu'il leur faudrait se méfier d'eux. Il leur apprit à fabriquer des arbalètes pour se défendre (jusqu'alors les Indiens n'utilisaient que des flèches et des haches aux pointes d'obsi-

Ils auraient la peau claire, trôneraient sur de grands animaux à quatre pattes et cracheraient le tonnerre pour châtier les impies.

dienne ; or l'arbalète était la seule arme capable de transpercer les armures métalliques des hommes de Cortés).
Guerrero répéta qu'il ne fallait pas craindre les chevaux et recommanda, surtout, de ne pas s'affoler face à des armes à feu. Ce n'étaient ni des armes magiques ni des morceaux de foudre. « Comme vous, les Espagnols sont faits de chair et de sang. On peut les vaincre », disait-il sans cesse. Et pour le prouver, il se fit lui-même une entaille d'où s'écoula le sang rouge commun à tous les hommes.
Guerrero se donna tant de mal pour instruire les Indiens de son village que lorsque les conquistadors de Cortés vinrent l'attaquer, ils eurent la surprise d'affronter pour la première fois en Amérique une véritable armée indienne qui leur résista plusieurs semaines durant.
Mais l'information n'avait pas circulé au-delà de la bourgade. En septembre 1519, le roi aztèque Moctezuma partit à la rencontre de l'armée espagnole avec des chars jonchés de bijoux en guise d'offrandes. Le soir même, il était assassiné. Un an plus tard, Cortés détruisait au canon Tenochtitlán, la capitale aztèque, après en avoir affamé la population en l'assiégeant pendant trois mois. Quant à Guerrero, il périt tandis qu'il organisait l'attaque nocturne d'un fortin espagnol.

Synchronicité

Une expérience scientifique réalisée simultanément en 1901 dans plusieurs pays démontra que par rapport à une série de tests d'intelligence

donnés, les souris méritaient une note de 6 sur 20.
Reprise en 1965 dans les mêmes pays et avec exactement les mêmes tests, l'expérience accorda aux souris une moyenne de 8 sur 20.
Les zones géographiques n'avaient rien à voir avec ce phénomène. Les souris européennes n'étaient ni plus ni moins intelligentes que les souris américaines, africaines, australiennes ou asiatiques. Sur tous les continents, toutes les souris de 1965 avaient obtenu une meilleure note que leurs aïeules de 1901. Sur toute la Terre, elles avaient progressé. C'était comme s'il existait une « intelligence souris planétaire » qui se serait améliorée au fil des ans. De même on a vu des singes apprendre « tout à coup » à éplucher des patates sur plusieurs îles du Pacifique pourtant fort éloignées les unes des autres.
Chez les humains, on a constaté que certaines découvertes et inventions avaient été mises au point simultanément en Chine, aux Indes et en Europe : le feu, la poudre, le tissage, par exemple. De nos jours encore, des découvertes s'effectuent au même moment en plusieurs points du globe et dans des périodes restreintes. Tout laisse à penser que certaines idées flottent dans l'air, au-delà de l'atmosphère, et que ceux dotés de la capacité de les saisir contribuent à améliorer le niveau de savoir global de l'espèce.

Syndrome de Bambi

Aimer est parfois aussi périlleux que haïr.
Dans les parcs nationaux d'Europe et d'Amérique du Nord, le visiteur rencontre souvent des faons.

Ces animaux semblent esseulés et solitaires même si leur mère n'est pas loin. Attendri, heureux de s'approcher d'un animal peu farouche aux allures de grande peluche, le promeneur est tenté de caresser l'animal. Le geste n'a rien d'agressif, au contraire, c'est la douceur de la bête qui entraîne ce mouvement de tendresse humaine.

Le geste n'a rien d'agressif, au contraire, c'est la douceur de la bête qui entraîne ce mouvement de tendresse humaine.

Or cet attouchement constitue un geste mortel. Durant les premières semaines, en effet, la mère ne reconnaît son petit qu'à son odeur. Le contact humain, si affectueux soit-il, va imprégner le faon d'effluves humains. Ces émanations polluantes, même infimes, détruisent la carte d'identité olfactive du faon qui sera aussitôt abandonné par l'ensemble de sa famille. Aucune biche ne l'acceptera plus et le faon sera automatiquement condamné à mourir de faim. On nomme cette caresse assassine « syndrome de Bambi » ou encore « syndrome de Walt Disney ».

Croissance

Jadis les économistes estimaient qu'une société saine est une société en expansion. Le taux de croissance servait de thermomètre pour mesurer la santé de toute structure : État, entreprise, masse salariale. Il est cependant impossible de toujours foncer en avant, tête baissée. Le temps est venu de

stopper l'expansion avant qu'elle ne nous déborde et ne nous écrase.
L'expansion économique ne saurait avoir d'avenir. Il n'existe qu'un seul état durable : l'équilibre des forces. Une société, une nation ou un travailleur sain sont une société, une nation ou un travailleur qui n'entament pas et ne sont pas entamés par le milieu qui les entoure. Nous ne devons plus viser à conquérir mais au contraire à nous intégrer à la nature et au cosmos. Un seul mot d'ordre : harmonie. Interpénétration harmonieuse entre monde extérieur et monde intérieur.
Le jour où la société humaine n'éprouvera plus de sentiment de supériorité ou de crainte devant un phénomène naturel, l'homme sera en homéostasie avec son univers. Il connaîtra l'équilibre. Il ne se projettera plus dans le futur. Il ne se fixera pas d'objectifs lointains. Il vivra dans le présent, tout simplement.

Orientation

La plupart des grandes épopées humaines se sont accomplies d'est en ouest. De tout temps, l'homme a suivi la course du soleil, s'interrogeant sur le lieu où s'abîmait la boule de feu. Ulysse, Christophe Colomb, Attila... tous ont cru qu'à l'ouest était la solution. Partir vers l'ouest, c'est vouloir connaître le futur.
Cependant, si certains se sont demandé où allait le soleil, d'autres ont voulu savoir d'où il venait. Aller vers l'est, c'est vouloir connaître les origines du soleil mais aussi les siennes propres. Marco Polo,

Napoléon, Bilbo le Hobbit (un des personnages du *Seigneur des anneaux* de Tolkien) sont des personnages de l'Est. Ils pensaient qu'il y avait quelque chose à découvrir, là où commencent les journées. Dans la symbolique des aventuriers, il reste encore deux directions. En voici la signification. Aller vers le nord, c'est chercher des obstacles pour mesurer sa propre force. Aller vers le sud, c'est rechercher le repos et l'apaisement.

Conte du rabbi Nachman de Braslav

Un ministre dit à son roi :
– La récolte est empoisonnée par un champignon, l'ergot de seigle (qui fournira par la suite le LSD). Ceux qui en mangeront deviendront fous.
– Eh bien, il faut avertir les gens afin qu'ils n'en consomment pas, dit le roi.
– Mais, répond le ministre, il n'y a rien d'autre à manger et si on ne leur donne pas cette nourriture contaminée, ils mourront de faim et se révolteront.
– Eh bien, qu'on leur donne cette récolte empoisonnée et nous, nous puiserons dans la réserve de céréales saines, dit le roi.
– Mais, répond le ministre, si tout le monde est fou et que nous seuls restons sains d'esprit, alors c'est nous qui serons pris pour des fous.
Le roi réfléchit et concède :
– Bon, nous n'avons pas le choix. Nous devons nous aussi manger de cette récolte empoisonnée comme toute la population. Mais, ajoute-t-il, nous nous

L.S.D

mettrons une marque sur le front pour bien nous rappeler que nous sommes devenus fous.

Interférence

Tout, objet, idée, personne, peut se ramener à une onde. Onde de forme, onde de son, onde d'image, onde d'odeur. Ces ondes entrent forcément en interférence avec d'autres ondes. L'étude des interférences entre les ondes objets, idées, personnes est passionnante. Que se passe-t-il lorsqu'on mélange le rock and roll et la musique classique ? Que se passe-t-il lorsqu'on mélange la philosophie et l'informatique ? Que se passe-t-il lorsqu'on mélange l'art asiatique et la technologie occidentale ?

Quand on verse une goutte d'encre dans de l'eau, les deux substances ont un niveau d'information très bas, uniforme. La goutte d'encre est noire et le verre d'eau est transparent. L'encre, en tombant dans l'eau, génère une crise.

Dans ce contact, l'instant le plus intéressant est celui où des formes chaotiques apparaissent, l'instant avant la dilution.

L'interaction entre les deux éléments différents produit une figure très riche. Il se forme alors des volutes compliquées, des formes torturées et toutes sortes de filaments qui peu à peu se diluent pour donner de l'eau grise. Dans le monde des objets, cette figure très riche est difficile à immobiliser. Mais dans le monde du vivant, une rencontre peut s'incruster et rester figée dans la mémoire.

Puissance de l'Inde

L'Inde est un pays qui absorbe toutes les énergies. Tous les chefs militaires qui ont tenté de la mettre au pas s'y sont épuisés. Au fur et à mesure qu'ils s'enfonçaient à l'intérieur du pays, l'Inde déteignait sur eux, ils perdaient de leur pugnacité et s'éprenaient des raffinements de la culture indienne. L'Inde est une masse molle qui vient à bout de tout. Ils sont venus, l'Inde les a vaincus.

La première invasion d'importance fut le fait des musulmans turco-afghans. En 1206, ils prirent Delhi. Cinq dynasties de sultans s'ensuivirent qui toutes tentèrent de s'emparer de la péninsule indienne dans sa totalité. Mais les troupes se diluaient en s'avançant vers le sud. Les soldats se lassaient de massacrer, perdaient le goût du combat et se laissaient charmer par les coutumes indiennes. Les sultans sombrèrent dans la décadence. La dernière dynastie, celle des Lodi, fut renversée par Babur, roi d'origine mongole, descendant de Tamerlan. Il fonde en 1527 l'empire des Moghols et, à peine arrivé au centre de l'Inde, renonce aux armes et s'enthousiasme pour la peinture, la littérature et la musique.

L'un de ses descendants, Akbar, sut, lui, unifier l'Inde. Il usa de la douceur et inventa une religion en puisant dans toutes les religions de son temps et en réunissant tout ce qu'elles contenaient de plus pacifique. Quelques dizaines d'années plus tard cependant, Aurangzeb, autre descendant de Babur, tenta d'imposer par la force l'islam à la péninsule. L'Inde se révolta et éclata. Il est impossible de dompter ce continent par la violence.

Au début du XIXe siècle, les Anglais réussiront à

conquérir militairement tous les comptoirs et les grandes villes, mais jamais ils ne contrôleront la totalité du pays. Ils se contenteront de créer des cantonnements, des « petits quartiers de civilisation anglaise » implantés dans un environnement entièrement indien.
De même que le froid protège la Russie, la mer le Japon et la Grande-Bretagne, un mur spirituel protège l'Inde et englue tous ceux qui y pénètrent. De nos jours encore, le touriste qui s'aventure ne serait-ce qu'une journée dans ce pays éponge est saisi par les « à quoi bon ? » et les « pour quoi faire ? », et est tenté de renoncer à toute entreprise.

Psychopathologie de l'échec

Pourquoi autant de gens sont-ils attirés par la chaleur rassurante de la défaite ? Peut-être parce qu'une défaite ne peut être que le prélude à un revirement alors que la victoire tend à nous encourager à garder le même comportement. La défaite est novatrice, la victoire est conservatrice. Tous les humains sentent confusément cette vérité. Beaucoup parmi les plus intelligents sont ainsi tentés de réussir non pas la plus belle victoire mais la plus belle défaite.
Hannibal fit demi-tour devant Rome offerte. César insista pour aller aux ides de mars. L'armée écossaise de Charles Edouard Stuart refusa d'en-

Peut-être parce qu'une défaite ne peut être que le prélude à un revirement alors que la victoire tend à nous encourager à garder le même comportement.

trer dans Londres qu'elle avait pourtant conquise. Napoléon annonça la retraite à Waterloo alors que la bataille était probablement gagnée. Et que dire de toutes ces stars du show-business qui tout à coup tombent dans l'alcool, la drogue, ou se suicident sans aucune raison logique ? Elles n'arrivaient pas à supporter la gloire, elles ont donc sciemment organisé leur défaite.
Tirons la leçon de ces expériences passées. Derrière beaucoup de prétendues réussites, il n'y a qu'une volonté de se hisser au plus haut plongeoir pour bien se planter de manière spectaculaire.

Abracadabra

La formule magique « Habracadabrah » signifie en hébreu « que cela se passe comme c'est dit » (que les choses dites deviennent vivantes). Au Moyen Age, on l'utilisait comme incantation pour soigner les fièvres. L'expression a été ensuite reprise par les prestidigitateurs exprimant par cette formule que leur numéro touchait à sa fin et que le spectateur allait maintenant assister au clou du spectacle (le moment où les mots deviennent vivants ?).
La phrase n'est cependant pas aussi anodine qu'il y paraît à première vue. Il faut inscrire la formule que constituent ces neuf lettres (en hébreu on n'écrit pas les voyelles HA BE RA HA CA AD BE RE HA, ce qui donne donc : HBR HCD BRH) sur neuf couches et de la manière suivante, afin de descendre progressivement jusqu'au « H » originel (*aleph*, qui se prononce ha) :

HBR HCD BRH
HBR HCD BR
HBR HCD B
HBR HCD
HBR HC
HBR H
HBR
HB
H

Cette disposition est conçue de manière à capter le plus largement possible les énergies du ciel et à les faire redescendre jusqu'aux hommes. Il faut imaginer ce talisman comme un entonnoir autour duquel la danse spiralée des lettres constituant la formule « Habracadabrah » déferle en un tourbillonnant vortex. Il happe et concentre en son extrémité les forces de l'espace-temps supérieur.

Baiser

Parfois, on me demande ce que l'homme a copié chez la fourmi. Le baiser sur la bouche. On a longtemps cru que les Romains de l'Antiquité avaient inventé le baiser sur la bouche plusieurs centaines d'années avant notre ère. En fait, ils se sont contentés d'observer les insectes. Ils ont compris que lorsqu'elles se touchaient les labiales, les fourmis produisaient un acte généreux qui consolidait leur société. Ils n'en ont jamais saisi la signification complète mais ils se sont dit qu'il fallait reproduire cet attouchement pour retrouver la cohésion des fourmilières.

S'embrasser sur la bouche, c'est mimer une trophallaxie. Mais dans la vraie trophallaxie, il y a régurgitation du jabot social et don de nourriture, alors que dans le baiser humain il n'y a qu'un vague échange de salive.

Vitriol

« Vitriol » est une dénomination de l'acide sulfurique. On a longtemps cru que « vitriol » signifiait « ce qui rend vitreux ». Son sens est plus hermétique cependant. Le mot « vitriol » a été constitué à partir des premières lettres d'une formule de base datant de l'Antiquité. VITRIOL : *visita interiora Terrae* (visite l'intérieur de la Terre), *rectificandoque invenies occultum lapidem* (et en te rectifiant tu trouveras la vérité).

Différence de perception

On ne perçoit du monde que ce qu'on est préparé à en percevoir. Pour une expérience de physiologie, des chats ont été enfermés dès leur naissance dans une petite pièce tapissée de motifs verticaux. Passé l'âge seuil de formation du cerveau, ces chats ont été retirés de ces pièces et placés dans des boîtes tapissées de lignes horizontales. Ces lignes indiquaient l'emplacement de caches de nourriture ou de trappes de sortie, mais aucun des chats éduqués dans les pièces aux motifs verticaux ne parvint à se nourrir ou à sortir. Leur éducation avait limité leur perception aux événements verticaux.

Nous aussi, nous fonctionnons avec ces mêmes limitations de la perception. Nous ne savons plus appréhender certains événements car nous avons été parfaitement conditionnés à percevoir les choses uniquement d'une certaine manière.

De l'intérêt de la différence

On a longtemps cru que c'était le spermatozoïde le plus rapide qui réussissait à féconder l'ovule. Il n'en est rien. Plusieurs centaines de spermatozoïdes parviennent en même temps autour de l'œuf. Et ils restent là à attendre, dandinant du flagelle. Un seul d'entre eux sera élu.

C'est donc l'ovule qui choisit le spermatozoïde gagnant parmi toute la masse de spermatozoïdes quémandeurs qui se pressent à sa porte. Selon quels critères ? Les chercheurs se sont longtemps posé la question. Ils ont récemment trouvé la solution : l'ovule jette son dévolu sur « celui qui présente les caractères génétiques les plus différents des siens ». Question de survie. L'ovule ignore qui sont les deux partenaires qui s'étreignent au-dessus de lui, alors il cherche tout simplement à éviter les problèmes de consanguinité. La nature veut que nos chromosomes tendent à s'enrichir de ce qui leur est différent et non de ce qui leur est similaire.

Groenland

On aurait pu craindre le pire lorsque le 10 août 1818 le capitaine John Ross, chef d'une

expédition polaire britannique, rencontra les habitants du Groenland : les Inuit (Inuit signifie « être humain » tandis qu'Esquimau veut dire plus péjorativement « mangeur de poisson »). Les Inuit se croyaient depuis toujours seuls au monde. Le plus ancien d'entre eux brandit un bâton et leur fit signe de partir.

John Saccheus, l'interprète sud-groenlandais, eut alors l'idée de jeter son couteau à ses pieds. Se priver ainsi de son arme en la jetant aux pieds de parfaits inconnus ! Le geste dérouta les Inuit qui s'emparèrent du couteau et se mirent à crier tout en se pinçant le nez. John Saccheus eut aussi la présence d'esprit de les imiter sur-le-champ. Le plus dur était fait. On n'éprouve pas l'envie de tuer quelqu'un qui présente le même comportement que vous. Un vieil Inuit s'approcha et, tâtant le coton de la chemise de Saccheus, lui demanda quel animal fournissait une si mince fourrure. L'interprète répondait de son mieux (grâce à un langage pidgin proche du parler inuit) que déjà l'autre lui posait une nouvelle question : « Venez-vous de la Lune ou du Soleil ? » Puisque les Inuit considéraient qu'ils étaient seuls sur la Terre, ils ne voyaient pas d'autre solution à cette arrivée d'étrangers. Quand Saccheus parvint enfin à les convaincre de rencontrer les officiers anglais, les Inuit montèrent sur le navire et, là, furent d'abord pris de panique en découvrant un cochon, puis d'hilarité face à leurs propres reflets dans un miroir. Ils s'émerveillèrent

Ils s'émerveillèrent devant une horloge et demandèrent si elle était comestible.

devant une horloge et demandèrent si elle était comestible. On leur offrit alors des biscuits qu'ils mangèrent avec méfiance et recrachèrent avec dégoût. Finalement, en signe d'entente, ils firent venir leur chaman qui implora les esprits de conjurer tout ce qu'il pouvait y avoir comme esprits mauvais à bord du bateau.
Le lendemain, John Ross plantait son drapeau national sur le territoire et s'en appropriait les richesses. Les Inuit ne s'en étaient pas aperçus, mais en une heure ils étaient devenus sujets de la couronne britannique. Une semaine plus tard, leur pays apparaissait sur toutes les cartes à la place de la mention *terra incognita.*

Stratégie imprévisible

Un esprit observateur et logique est capable de prévoir n'importe quelle stratégie humaine. Il existe cependant un moyen de demeurer imprévisible : il suffit d'introduire un mécanisme aléatoire dans un processus de décision. Par exemple, confier au sort d'un tirage aux dés la direction dans laquelle lancer l'attaque suivante.
Non seulement l'introduction d'un peu de chaos dans une stratégie globale permet des effets de surprise mais, de plus, elle offre la possibilité de garder secrète la logique qui sous-tend les décisions importantes. Personne ne peut prévoir les coups de dés.
Évidemment, durant les guerres, peu de généraux osent soumettre aux caprices du hasard le choix de la prochaine manœuvre. Ils pensent que leur intelligence suffit. Pourtant, les dés sont assurément le

meilleur moyen d'inquiéter l'adversaire qui se sentira dépassé par un mécanisme de réflexion dont il ignore les arcanes. Déconcerté et désorienté, il réagira avec peur et sera dès lors complètement prévisible.

Deuil du bébé

A l'âge de huit mois, le bébé connaît une angoisse particulière que les pédiatres nomment « l'angoisse du neuvième mois ». Chaque fois que sa mère s'en va, il croit qu'elle ne reviendra plus jamais. Cette crainte suscite parfois des crises de larmes et les symptômes de l'angoisse. C'est à cet âge que le bébé comprend qu'il y a des choses dans ce monde qui se passent et qu'il ne domine pas. Le « deuil du bébé » s'explique par la prise de conscience de son autonomie par rapport à sa mère. Il doit faire le deuil de la symbiose, accepter la séparation. Le bébé et sa maman ne sont pas irrémédiablement liés, donc on peut se retrouver seul, on peut être en contact avec des « étrangers qui ne sont pas maman » (est considéré comme étranger tout ce qui n'est pas maman et, à la rigueur, papa).
Il faudra attendre que le bébé atteigne l'âge de dix-huit mois pour qu'il accepte la disparition momentanée de sa mère. La plupart des autres angoisses que l'être humain connaîtra plus tard jusqu'à sa vieillesse : peur de la solitude, peur de la perte d'un être cher, peur des étrangers, etc., découleront de cette première détresse.

Singapour ville ordinateur

Singapour est un pays neuf avec une population restreinte : trois millions d'habitants pour la plupart chinois. Profitant de cette situation exceptionnelle, Lee Kwan Yew, ingénieur et Premier ministre de 1959 à 1990, a tenté de fonder le premier État ordinateur. Comme il le dit lui-même : « Les citoyens singapouriens sont les puces électroniques d'un ordinateur géant : la République de Singapour. » Lee Kwan Yew est un pragmatique. Il a commencé par assurer la sécurité de son petit Disneyland contre ses grands voisins envieux et agressifs : Malaisie (20 millions d'habitants) et Indonésie (200 millions d'habitants), par une armée high-tech équipée des machines les plus sophistiquées. Voilà pour l'extérieur.

Pour l'intérieur, il veut que l'ordre règne parmi ses petites puces électroniques. Il range d'un côté la ville touristique, de l'autre la ville économique, et crée ensuite la ville-dortoir. Les trois sont rigoureusement séparées par une frontière composée de cinq kilomètres de pelouse nickel. Il édicte des lois très strictes : interdiction de cracher par terre (1 500 F d'amende), de fumer en public (1 500 F d'amende), de jeter un papier gras (1 500 F d'amende), d'arroser ses pots de fleurs en laissant de l'eau stagner (cela attire les moustiques : 1 500 F d'amende), de se garer dans le centre-ville.

L'État embaume le savon. Si un chien aboie la nuit, on lui coupe les cordes vocales. Les hommes doivent toujours porter des pantalons même s'il fait chaud. Les femmes doivent toujours porter des bas même en pleine canicule. Toutes les voitures sont équipées d'une sirène interne qui vous assourdit dès que vous dépassez 80 km/h. A partir de six heures, il est interdit de rouler seul dans son automobile, il faut transporter ses collègues de travail ou des auto-stoppeurs afin d'éviter les encombrements et la pollution (sinon 1 500 F d'amende). Pour connaître les trajets de ses concitoyens, la police a obligé les Singapouriens à placer un émetteur sous leur voiture. Il est ainsi possible de suivre les déplacements de tous les habitants sur un grand tableau lumineux. Dès qu'on pénètre dans un immeuble, il faut donner son nom au gardien qui se tient en permanence devant la porte. La ville entière est truffée de caméras vidéo. Singapour est une démocratie, mais pour que les gens ne votent pas n'importe quoi, on note leur numéro de carte d'électeur sur leur bulletin de vote. Le vol, le viol, la drogue, la corruption sont passibles de la peine de mort par pendaison. La condamnation au fouet existe toujours. Lee Kwan Yew se considère comme un père pour tous ses administrés. Il emprunte des idées à la fois au communisme et au capitalisme pour ne penser qu'à l'efficacité. L'État encourage l'enrichissement personnel (les Singapouriens jouissent du deuxième niveau de vie d'Asie, juste après le Japon, et boursicotent à-tout-va) mais les logements sont offerts aux étudiants. Tous les cultes sont autorisés, mais la presse est filtrée : pas de journaux parlant de sexe ou de politique. En 1982, Lee Kwan Yew s'aperçoit que, vieux réflexe pas spécifiquement chinois, les hommes

> Pour connaître les trajets de ses concitoyens, la police a obligé les Singapouriens à placer un émetteur sous leur voiture.

intelligents se marient avec des femmes jolies mais bêtes alors que les femmes intelligentes ont du mal à trouver des maris. Il décide donc de donner une prime à quiconque épousera une femme diplômée et d'infliger une amende aux non-diplômées qui dépasseront l'enfant unique. Quant aux analphabètes, ils sont vivement encouragés à se faire stériliser en échange d'une forte somme d'argent. Lee Kwan Yew fait construire des écoles pour surdoués et organise des croisières gratuites pour les gens de niveau d'études très élevé.

Il constate qu'on ne peut bien éduquer que deux enfants à la fois. Le soir, la police téléphone aux familles ayant déjà deux enfants pour leur rappeler de ne pas oublier de prendre la pilule ou d'utiliser un préservatif.

Lee Kwan Yew est parvenu à transformer son État expérimental en « Suisse de l'Asie ». Pourtant sa police a une limite. Le jeu. « On peut tout faire accepter à un Chinois, sauf de l'empêcher de jouer au mah-jong », admit-il dans une de ses allocutions.

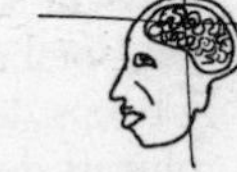

Intégration

Il faut imaginer que notre conscient est la partie émergée de notre pensée. Nous avons 10% de conscient émergé et 90% d'inconscient immergé.

Quand nous prenons la parole, il faut que les 10% de notre conscient s'adressent aux 90% de l'inconscient de nos interlocuteurs. Pour y parvenir, il faut passer la barrière des filtres de méfiance qui empêchent les informations de descendre jusqu'à l'inconscient.

L'un des moyens d'y réussir consiste à mimer les tics d'autrui. Ils apparaissent nettement au moment des repas. Profitez donc de cet instant crucial pour scruter votre vis-à-vis. S'il parle en mettant une main devant sa bouche, imitez-le. S'il mange ses frites avec les doigts, faites de même, et s'il s'essuie souvent la bouche avec sa serviette, suivez-le encore. Posez-vous des questions aussi simples que : « Est-ce qu'il me regarde quand il parle ? » ; « Est-ce qu'il parle quand il mange ? » En reproduisant les tics qu'il manifeste vous transmettrez automatiquement le message inconscient : « Je suis de la même tribu que vous, nous avons les mêmes manières et donc sans doute une même éducation et les mêmes préoccupations. »

Nombre d'or

Le nombre d'or est un rapport précis grâce auquel on peut construire, peindre, sculpter en enrichissant son œuvre d'une force cachée. A partir de ce nombre ont été construits la pyramide de Chéops, le temple de Salomon, le Parthénon et la plupart des églises romanes. Beaucoup de tableaux de la Renaissance respectent eux aussi cette proportion. On dit que tout ce qui est bâti sans respecter quelque part cette proportion finit par s'effondrer.

On calcule ce nombre d'or de la manière suivante :

$$\frac{1+\sqrt{5}}{2} = 1{,}618033988$$

Tel est le secret millénaire. Ce nombre n'est pas

qu'un pur produit de l'imagination humaine. Il se vérifie aussi dans la nature. C'est par exemple le rapport d'écartement entre les feuilles des arbres afin d'éviter que, mutuellement, elles ne se fassent de l'ombre. C'est aussi le nombre qui définit l'emplacement du nombril par rapport à l'ensemble du corps humain.

Conscience du futur

Qu'est-ce qui différencie l'homme des autres espèces animales ? Le fait de posséder un pouce opposable aux autres doigts de la main ? Le langage ? Le cerveau hypertrophié ? La position verticale ? Peut-être est-ce tout simplement la conscience du futur. Tous les animaux vivent dans le présent et le passé. Ils analysent ce qui survient et le comparent avec ce qu'ils ont déjà expérimenté.

Par contre l'homme, lui, tente de prévoir ce qui se passera. Cette disposition à apprivoiser le futur est sans doute apparue quand l'homme, au néolithique, a commencé à s'intéresser à l'agriculture. Il renonçait dès lors à la cueillette et à la chasse, sources de nourritures aléatoires, pour prévoir les récoltes futures. Il était désormais logique que la vision du futur devienne subjective et donc différente pour chaque être humain. Les humains se sont donc mis tout naturellement à élaborer un langage pour décrire ces futurs. Avec la conscience du futur est né le langage qui le décrirait. Les langues anciennes disposaient de peu de mots et d'une grammaire simpliste pour parler du futur alors que les langues modernes ne cessent d'affiner cette grammaire.

Pour confirmer les promesses de futur, il fallait, en toute logique, inventer la technologie. Là a résidé le début de l'engrenage. Dieu est le nom donné par les humains à ce qui échappe à leur maîtrise du futur. Mais la technologie leur permettant de contrôler de mieux en mieux ce futur, Dieu disparaît progressivement, remplacé par les météorologues, les futurologues et tous ceux qui pensent savoir, grâce à l'usage des machines, de quoi demain sera fait.

L'œuf

L'œuf d'oiseau est un chef d'œuvre de la nature. Admirons tout d'abord la structure de la coquille. Elle est composée de cristaux de sels minéraux triangulaires. Leurs extrémités pointues sont dirigées vers le centre de l'œuf. Si bien que lorsque les cristaux reçoivent une pression de l'extérieur, ils s'enfoncent les uns dans les autres, se resserrent, et la paroi devient encore plus résistante. A la manière des arceaux des cathédrales romanes, plus la pression est forte, plus la structure devient solide. En revanche, si la pression provient de l'intérieur, les triangles se séparent et l'ensemble s'effondre facilement.
Ainsi l'œuf est, de l'extérieur, suffisamment solide pour supporter le poids d'une mère couveuse, mais aussi suffisamment fragile de l'intérieur pour permettre à l'oisillon de briser la coquille pour en sortir.
Celle-ci présente d'autres qualités. Pour que l'embryon d'oiseau se développe parfaitement, il doit toujours être placé au-dessus du jaune. Il arrive

cependant que l'œuf se renverse. Qu'importe : le jaune est cerné de deux cordons en guise de ressorts, fixés latéralement à la membrane et qui servent de suspension. Leur élasticité compense les mouvements de l'œuf et rétablit la position de l'embryon à la façon d'un ludion.
Une fois pondu, l'œuf subit un brutal refroidissement entraînant la séparation de ses deux membranes internes et la création d'une poche d'air. Celle-ci permettra au poussin de respirer quelques brèves secondes pour trouver la force de casser la coquille et même de piailler pour appeler sa mère à l'aide en cas de difficulté.

Mouvement de voyelles

Dans plusieurs langues anciennes, égyptien, hébreu, phénicien, il n'existe pas de voyelles, il n'y a que des consonnes. Les voyelles représentent la voix. Si par une représentation graphique, on donne la voix au mot, on lui donne trop de force car on lui donne en même temps la vie.
Un proverbe dit : « Si tu étais capable d'écrire parfaitement le mot armoire, tu recevrais le meuble sur la tête. »
Les Chinois ont eu le même sentiment. Au VIIIe siècle, le plus grand peintre de son temps, Wu Daozi, fut convoqué par l'empereur qui lui demanda de représenter un dragon

Parce que si je dessinais les yeux, il s'envolerait.

parfait. L'artiste le peignit en entier à l'exception des yeux. « Pourquoi as-tu oublié les yeux ? » interrogea l'empereur. « Parce que si je dessinais les yeux, il s'envolerait », répondit Wu Daozi. L'empereur insista, le peintre traça les yeux et la légende assure que le dragon s'envola.

Hippodamos à Milet

En 494 avant J.-C., l'armée de Darius, roi des Perses, détruit et rase la ville de Milet, située entre Halicarnasse et Éphèse. Les anciens habitants demandent alors à l'architecte Hippodamos de reconstruire d'un coup leur cité tout entière. Il s'agit d'une occasion unique dans l'histoire de l'époque. Jusque-là, les villes n'étaient que des bourgades qui s'étaient progressivement développées dans la plus grande anarchie. Athènes, par exemple, était composée d'un enchevêtrement de rues, véritable labyrinthe qui avait vu le jour sans que nul ne tienne compte d'un plan d'ensemble.

Être chargé d'ériger dans sa totalité une ville de taille moyenne, c'était se voir offrir une page blanche où inventer LA ville idéale. Hippodamos saisit l'aubaine. Il dessine la première ville pensée géométriquement. Il ne veut pas seulement tracer des rues et bâtir des maisons, il est convaincu qu'en repensant la forme de la ville on peut aussi en repenser la vie sociale. Il imagine une cité de 5 040 habitants, répartis en trois classes : artisans, agriculteurs, soldats.

Hippodamos souhaite une ville artificielle, sans plus aucune référence avec la nature. Au centre, une acropole d'où partent douze rayons la découpant tel un

gâteau en douze portions. Les rues de la nouvelle Milet sont droites, les places rondes et toutes les maisons sont strictement identiques pour éviter toute jalousie entre voisins. Tous les habitants sont d'ailleurs des citoyens à parts égales. Ici il n'y a pas d'esclaves. Hippodamos ne souhaite pas d'artistes dans sa ville. Les artistes sont selon lui des gens imprévisibles, générateurs de désordre. Poètes, acteurs et musiciens sont bannis de Milet et la ville est également interdite aux pauvres, aux célibataires et aux oisifs.
Le projet d'Hippodamos consiste à faire de Milet une cité au système mécanique parfait qui jamais ne tombera en panne. Pour éviter toute nuisance, pas d'innovation, pas d'originalité, aucun caprice humain. Hippodamos a inventé la notion de « bien rangé ». Un citoyen bien rangé dans l'ordre de la cité, une cité bien rangée dans l'ordre de l'État, lui-même ne pouvant être que bien rangé dans l'ordre du cosmos.

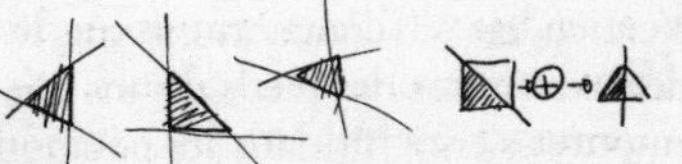

Triangle quelconque

Il est parfois plus difficile d'être quelconque qu'extraordinaire. Le cas est net pour les triangles. La plupart des triangles sont isocèles (2 côtés de même longueur), rectangles (avec un angle droit), équilatéraux (3 côtés de même longueur).
Il y a tellement de triangles définis qu'il devient très compliqué de dessiner un triangle qui ne soit pas particulier ou alors il faudrait dessiner un triangle avec les côtés les plus inégaux possible. Mais ce n'est pas évident. Le triangle quelconque ne doit pas avoir d'angle droit, ni égal, ni dépassant

Il est parfois plus difficile d'être quelconque qu'extraordinaire.

90°. Le chercheur Jacques Loubczanski est arrivé avec beaucoup de difficulté à mettre au point un vrai « triangle quelconque ». Celui-ci présente des caractéristiques très... précises. Pour confectionner un bon « triangle quelconque », il faut associer la moitié d'un carré coupé par sa diagonale et la moitié d'un triangle équilatéral coupé par sa hauteur. En les plaçant l'un à côté de l'autre, on doit obtenir un bon représentant de triangle quelconque. Pas simple d'être simple.

Méditation

Voici une méthode simple de méditation pratique.
D'abord se coucher sur le dos, pieds légèrement écartés, bras le long du corps sans le toucher, paumes orientées vers le haut. Bien se détendre. Commencer l'exercice en se concentrant sur le sang qui reflue des extrémités des pieds depuis chaque orteil pour remonter s'enrichir dans les poumons. A l'expiration, visualiser l'éponge pulmonaire gorgée de sang qui disperse le sang propre, purifié, enrichi d'oxygène vers les jambes jusqu'à l'extrémité des orteils.

Se livrer à une nouvelle inspiration en se concentrant cette fois sur le sang usé des organes abdominaux afin de l'amener jusqu'aux poumons. A l'expiration, visualiser ce sang filtré et plein de vitalité qui revient abreuver notre foie, notre rate, notre système digestif, notre sexe, nos muscles.

A la troisième inspiration, aspirer le sang des vaisseaux des mains et des doigts, le rincer et le renvoyer d'où il est venu.

A la quatrième enfin, en respirant encore plus profondément, aspirer le sang du cerveau, vidanger toutes les idées stagnantes, les envoyer se purifier dans les poumons puis ramener le sang propre, gorgé d'énergie, d'oxygène et de vitalité dans le crâne. Bien visualiser chaque phase. Bien associer la respiration à l'amélioration de l'organisme.

Construction musicale le canon

En musique, le « canon » présente une structure de construction particulièrement intéressante. Exemples les plus connus : *Frère Jacques*, *Vent frais, vent du matin* ou encore le *Canon de Pachelbel.*

Le canon est bâti autour d'un thème unique dont les interprètes explorent toutes les facettes en le confrontant à lui-même. Une première voix commence par exposer le thème. Après un temps prédéterminé, une seconde voix le répète puis une troisième voix le reprend. Pour que l'ensemble fonctionne, chaque note a trois rôles à jouer :

Tisser la mélodie de base.

Ajouter un accompagnement à la mélodie de base.

Ajouter un accompagnement à l'accompagnement et à la mélodie de base.

Il s'agit donc d'une construction à trois niveaux dans laquelle chaque élément est selon son emplacement à la fois vedette, second rôle et figurant.

On peut sophistiquer le canon sans ajouter une note, simplement en modifiant la tonalité, un cou-

plet dans l'octave au-dessus, un couplet dans l'octave au-dessous. Il est aussi possible de compliquer le canon en agissant sur la rapidité du chant. Plus vite : tandis que la première voix interprète le thème, la deuxième le répète deux fois à toute vitesse. Plus lent : tandis que la première voix interprète la mélodie, la deuxième la répète deux fois plus lentement. De même, la troisième voix accélère ou ralentit encore le thème, d'où un effet d'expansion ou de concentration.
Le canon peut encore se sophistiquer par l'inversion de la mélodie. Quand la première voix s'élève en jouant le thème principal, la seconde alors descend. Tout cela est bien plus facile à réaliser lorsqu'on dessine les lignes de chant à grands traits comme les flèches d'une grande bataille.

Conseil

Aime tes ennemis. C'est le meilleur moyen de leur porter sur les nerfs.

Mobilité sociale chez les Incas

Les Incas croyaient au déterminisme et aux castes. Chez eux, pas de problème d'orientation professionnelle : la carrière était déterminée par la naissance. Les fils d'agriculteurs deviendraient obligatoirement agriculteurs, les fils de soldats, soldats.

Pour éviter tout risque d'erreur, la caste était d'emblée inscrite dans le corps des enfants. Pour cela les Incas plaçaient les têtes à la fontanelle molle propre aux nouveau-nés dans des étaux spéciaux en bois qui modelaient leurs crânes. Ils obtenaient ainsi la forme désirée pour les futurs emplois des enfants : carrée pour ceux de rois, par exemple. L'opération n'était pas douloureuse, pas plus en tout cas que celle qui consiste à faire porter un appareil dentaire pour obliger les dents à pousser dans un certain sens. Les crânes mous se solidifiaient dans le moule de bois. Ainsi, même nus et abandonnés, les fils de rois restaient rois, reconnaissables par tous puisqu'ils étaient seuls à pouvoir porter des couronnes, elles-mêmes de forme carrée. Quant aux crânes des enfants de soldats, ils étaient moulés de façon à prendre une forme triangulaire. Pour les fils de paysans, c'était une forme pointue.
La société inca était ainsi rendue immuable. Aucun risque de mobilité sociale, pas la moindre menace d'ambition personnelle, chacun portait imprimés à vie sur son crâne son rang social et sa fonction professionnelle.

Stratégie de manipulation des autres

La population se divise en trois groupes. Il y a ceux qui parlent avec pour référence le langage visuel, ceux qui parlent avec pour référence le langage auditif, ceux qui parlent avec pour référence le langage corporel.

Les visuels disent tout naturellement : « Tu vois », car ils ne parlent que par images. Ils montrent, observent, décrivent par couleurs, précisent « c'est clair, c'est flou, c'est transparent ». Ils utilisent des expressions comme « la vie en rose », « c'est tout vu », « une peur bleue ».

Les auditifs disent tout naturellement : « Tu entends. » Ils parlent avec des mots sonores évoquant la musique et le bruit : « sourde oreille », « son de cloche » et leurs adjectifs sont : « mélodieux », « discordant », « audible », « retentissant ».

Les sensitifs corporels disent tout naturellement : « Tu sens. » Ils parlent par sensations : « tu saisis », « tu éprouves », « tu craques ». Leurs expressions : « En avoir plein le dos », « à croquer ». Leurs adjectifs : « froid », « chaleureux », « excité/calme ».

L'appartenance à un groupe se reconnaît à la façon dont un interlocuteur bouge les yeux. Si lorsqu'on lui demande de rechercher un souvenir il commence par lever les yeux vers le haut, c'est un visuel. S'il dirige son regard vers le côté, c'est un auditif. S'il baisse les yeux comme pour mieux rechercher les sensations en lui, c'est un sensitif.

Une telle connaissance permet d'agir sur tous les types d'interlocuteurs en jouant sur les trois registres linguistiques. De là, on peut aller plus loin en créant des points d'ancrage physiques. L'action consiste à appliquer par exemple sa main sur l'épaule de son interlocuteur lorsqu'on veut le stimuler au moment de lui transmettre un message important tel que « je compte sur toi pour mener à bien ce travail ». Ensuite, chaque fois qu'on lui touchera l'épaule de la même manière, il se souviendra de ce qui lui a été intimé. C'est là une forme de mémoire sensorielle.

Attention cependant à ne pas la faire fonctionner à l'envers. Un psychothérapeute qui accueille son patient en lui tapotant l'épaule tout en le plaignant : « Alors, mon pauvre ami, cela ne va donc pas mieux ? », aura beau pratiquer la meilleure thérapie du monde, son patient retrouvera instantanément toutes ses angoisses si, au moment de le quitter, il réitère son geste.

Voyage vers la Lune

En Chine, au XIIIe siècle, sous le règne des empereurs de la dynastie Song, il se produisit un mouvement culturel visant à admirer la Lune. Les plus grands poètes, les plus grands écrivains, les plus grands chanteurs n'avaient plus pour source d'inspiration que cette planète haut dans le ciel.

Un des empereurs Song, lui-même poète et écrivain, voulut en avoir le cœur net. Il admirait si fort la Lune qu'il souhaita être le premier homme à y prendre pied. Il demanda à ses savants de fabriquer une fusée.

Les Chinois savaient déjà fort bien se servir de la poudre. Ils placèrent donc de volumineux pétards sous une petite cahute au centre de laquelle trônerait l'empereur Song. Ils espéraient que la puissance de l'explosion projetterait le souverain sur la Lune. Bien avant Neil Armstrong, bien avant Jules Verne, ces Chinois avaient ainsi fabriqué la première fusée interplanétaire. Mais les recherches préliminaires avaient dû être menées d'une façon trop sommaire : à peine les mèches des réacteurs allumées, ceux-ci se comportèrent exactement

comme des feux d'artifice, c'est à dire qu'ils explosèrent.
Avec son véhicule, l'empereur Song fut pulvérisé parmi les énormes gerbes colorées et incandescentes censées le propulser jusqu'à l'astre de la nuit.

Censure

Autrefois, afin que certaines idées jugées subversives par le pouvoir en place n'atteignent pas le grand public, une instance policière avait été instaurée : la censure d'État, chargée d'interdire purement et simplement la propagation des œuvres trop subversives.
Aujourd'hui la censure a changé de visage. Ce n'est plus le manque qui agit mais l'abondance. Sous l'avalanche ininterrompue d'informations insignifiantes, plus personne ne sait où puiser les informations intéressantes. En multipliant les chaînes de télévision, en publiant plusieurs milliers de titres de romans par an, en diffusant au kilomètre des musiques similaires, on empêche l'émergence de courants nouveaux. Ceux-ci seraient de toute façon submergés sous la masse de la production. La profusion d'insipidités identiques bloque la création originale, et même les critiques qui devraient filtrer cette masse n'ont plus le temps de tout lire, tout voir, tout écouter. Si bien qu'on en arrive à ce paradoxe : plus il y a de chaînes de télévision, de radios, de journaux, de supports médiatiques, moins il y a diversité de création. La grisaille se répand.

L'art de la fugue

La « fugue » est une évolution par rapport au canon. Si, dans le canon, on œuvre toujours sur un seul thème « torturé » dans tous les sens pour voir comment il interagit avec lui-même, la fugue, elle, peut présenter plusieurs thèmes différents. L'*Offrande musicale* de Jean-Sébastien Bach constitue l'une des plus belles architectures de fugue. Comme nombre d'entre elles, elle part en *do* mineur mais, à la fin, par un tour de passe-passe digne des meilleurs prestidigitateurs, elle s'achève en *ré* mineur. Et cela, sans que l'oreille de l'auditeur le plus attentif ait pu déceler l'instant où s'est opérée la métamorphose.
A l'aide de ce système de « saut » d'une tonalité, on pourrait répéter à l'infini l'*Offrande musicale* sur toutes les notes de la gamme. « Ainsi en va-t-il de la gloire du roi qui ne cesse de s'élever en même temps que la modulation », expliquait Bach.
Summum de l'art fuguesque : le morceau l'*Art de la fugue* dans lequel, juste avant de mourir, Jean-Sébastien Bach a voulu expliquer au commun des mortels sa technique de progression musicale en partant de la simplicité, pour aller vers la complexité absolue. Il a été arrêté en plein élan par des problèmes de santé (il était presque aveugle). Cette fugue est donc inachevée.
Il est à noter que Bach l'a signée en utilisant pour thème musical les quatre lettres de son nom. Dans le solfège allemand, B correspond à la note *si* bémol, A au *la*, C au *do* et H au *si* simple. Bach = *si* bémol, *la*, *do*, *si*.
Bach était à l'intérieur même de sa musique et comptait sur elle pour s'élever comme un roi immortel vers l'infini.

Thélème

En 1534, François Rabelais proposa sa vision personnelle de la cité utopique idéale en décrivant dans *Gargantua* l'abbaye de Thélème.

Pas de gouvernement car, pense Rabelais : « Comment pourrait-on gouverner autrui quand on ne sait pas se gouverner soi-même ? » Sans gouvernement, les Thélémites agissent donc « selon leur bon vouloir » avec pour devise : « Fais ce que voudras. » Pour que l'utopie réussisse, les hôtes de l'abbaye sont triés sur le volet. N'y sont admis que des hommes et des femmes bien nés, libres d'esprit, instruits, vertueux, beaux et « bien naturés ». On y entre à dix ans pour les femmes, à douze pour les hommes. Dans la journée, chacun fait donc ce qu'il veut, travaille si cela lui chante et, sinon, se repose, boit, s'amuse, fait l'amour. Les horloges ont été supprimées, ce qui évite toute notion du temps qui passe. On se réveille à son gré, mange quand on a faim. L'agitation, la violence, les querelles sont bannies. Des domestiques et des artisans installés à l'extérieur de l'abbaye sont chargés des travaux pénibles.

Comment pourrait-on gouverner autrui quand on ne sait pas se gouverner soi-même ?

Rabelais décrit son utopie. L'établissement devra être construit en bord de Loire, dans la forêt de Port-Huault. Il comprendra neuf mille trois cent trente-deux chambres. Pas de murs d'enceinte car « les murailles entretiennent la conspiration ». Chaque bâtiment sera haut de six étages. Un tout-à-l'égout

débouchera dans le fleuve. De nombreuses bibliothèques, un parc enrichi d'un labyrinthe et une fontaine au centre.
Rabelais n'était pas dupe. Il savait que son abbaye idéale serait forcément détruite par la démagogie, les doctrines absurdes et la discorde, ou tout simplement par des broutilles, mais il était convaincu que cela valait quand même la peine d'essayer.

Le cheval Hans

En 1904 la communauté scientifique internationale entra en ébullition. On croyait avoir enfin découvert « un animal aussi intelligent qu'un homme ». L'animal en question était un cheval de huit ans éduqué par un savant autrichien, le professeur von Osten. A la vive surprise de ceux qui lui rendaient visite, Hans, le cheval, paraissait avoir parfaitement compris les mathématiques modernes. Il donnait des solutions exactes aux équations qu'on lui proposait, il savait aussi indiquer précisément quelle heure il était, reconnaître sur des photographies des gens qu'on lui avait présentés quelques jours plus tôt, résoudre des problèmes de logique.
Hans désignait les objets du bout du sabot et communiquait les chiffres en tapant sur le sol. Les lettres étaient frappées une à une pour former des mots. Un coup pour le « a », deux pour le « b », trois pour le « c » et ainsi de suite.
On soumit Hans à toutes sortes d'expériences et le cheval prouva régulièrement ses dons. Des zoologistes, des biologistes, des physiciens et pour finir des psychologues et des psychiatres se déplacèrent

du monde entier pour rencontrer Hans. Ils arrivaient sceptiques et repartaient déconcertés. Ils ne comprenaient pas où était la manipulation et finissaient par admettre que cet animal était vraiment « intelligent ».

Ils arrivaient sceptiques et repartaient déconcertés

Le 12 septembre 1904, un groupe de treize experts publia un rapport rejetant toute possibilité de supercherie. L'affaire fit grand bruit et le monde scientifique commença à s'habituer à l'idée que ce cheval était vraiment aussi intelligent qu'un homme. Oskar Pfungst, l'un des assistants de von Osten, perça enfin le mystère. Il remarqua que Hans se trompait dans ses réponses chaque fois que la solution du problème qu'on lui soumettait était inconnue des personnes présentes. De même si on lui mettait des œillères qui l'empêchaient de voir l'assistance, il échouait à tous les coups. La seule explication était donc que Hans était un animal extrêmement attentif qui, tout en tapant du sabot, percevait les changements d'attitude des humains alentour. Il sentait l'excitation monter quand il approchait de la bonne solution. Sa concentration était motivée par l'espoir d'une récompense alimentaire.

Quand le pot aux roses fut découvert, la communauté scientifique fut tellement humiliée de s'être laissé aussi facilement berner qu'elle bascula dans un scepticisme systématique face à toute expérience ayant trait à l'intelligence animale. On fait encore état dans beaucoup d'universités du cas du cheval Hans comme d'un exemple caricatural de tromperie scientifique. Cependant le pauvre Hans ne méritait ni tant de gloire ni tant d'opprobre. Après tout, ce cheval savait décoder des attitudes humaines au point de se faire passer temporairement pour un égal de l'homme. Mais peut-être l'une des raisons d'en vouloir si fort à Hans est plus profonde encore. Il est désagréable à l'espèce humaine de se savoir transparente pour un animal.

L'avenir est aux acteurs

Pour se faire respecter, les acteurs savent mimer la colère. Pour se faire aduler, les acteurs savent mimer l'amour. Pour faire des envieux, les acteurs savent mimer la joie. Toutes les professions sont infiltrées par des acteurs.

L'élection de Ronald Reagan à la présidence des États-Unis en 1980 a définitivement consacré le règne des acteurs. Inutile d'avoir des idées ou de savoir gouverner, il suffit de s'entourer d'une équipe de spécialistes pour rédiger ses discours et de bien interpréter ensuite son rôle sous l'objectif des caméras.

Dans la plupart des démocraties modernes, d'ailleurs, on ne choisit plus son candidat en fonction de son programme politique (tout le monde sait pertinemment que, n'importe comment, les promesses ne seront jamais tenues car le pays a une politique globale dont il ne peut dévier), mais selon son allure, son sourire, sa voix, sa manière de s'habiller, sa familiarité avec les interviewers, ses mots d'esprit.

Inexorablement, dans toutes les professions, les acteurs ont gagné du terrain. Un peintre bon acteur est capable de convaincre qu'une toile monochrome

Pour se faire respecter, les acteurs savent mimer la colère.

est une œuvre d'art. Un chanteur bon acteur n'a pas besoin d'avoir de la voix s'il interprète convenablement son clip. Les acteurs contrôlent le monde. Le problème, c'est qu'à force de mettre en avant les acteurs, la forme prend plus d'importance que le fond, le paraître prend le pas sur l'être. On n'écoute plus ce que les gens disent. On se contente de regarder comment ils le disent, le regard qu'ils ont en le disant, et si leur cravate est assortie à leur pochette. Ceux qui ont des idées mais ne savent pas les présenter sont peu à peu exclus des débats.

Deux bouches

Le Talmud affirme que l'homme possède deux bouches : celle d'en haut et celle d'en bas. Celle d'en haut permet par la parole de dénouer les problèmes du corps. La parole ne fait pas que transmettre des informations, elle sert aussi à guérir. Au moyen du langage de la bouche d'en haut, on se situe dans l'espace, on se situe par rapport aux autres. Le Talmud conseille d'ailleurs d'éviter de prendre trop de médicaments pour se soigner, ceux-ci effectuant un trajet inverse à celui de la parole. Il ne faut pas empêcher le mot de sortir sinon il se transforme en maladie.

La deuxième bouche, c'est le sexe. Par le sexe, on dénoue les problèmes du corps dans le temps. Par le sexe, et donc par le plaisir et la reproduction, l'homme se crée un espace de liberté. Il se définit par rapport à ses parents et à ses enfants. Le sexe, la « bouche du bas », sert à frayer un nouveau chemin, différent de celui de la lignée familiale. Chaque

homme jouit du pouvoir de faire incarner par ses enfants d'autres valeurs que celles de ses parents.
La bouche du haut agit sur celle du bas. C'est par la parole qu'on séduira l'autre et qu'on fera fonctionner son sexe. La bouche du bas agit sur la bouche du haut, c'est par le sexe qu'on trouvera son identité et son langage.

Stade du miroir

A douze mois, le bébé traverse une nouvelle phase : le stade du miroir. L'étape du « deuil du bébé » lui a appris à surmonter sa peur d'être abandonné, avec le stade du miroir il comprend qu'il est unique.
A partir de un an, l'enfant commence à se tenir debout, la motricité de ses mains gagne en habileté, il parvient à surmonter les besoins qui auparavant le submergeaient. Le miroir va maintenant lui indiquer qu'il existe. L'enfant se reconnaît, se fait une image de lui qu'il apprécie ou n'apprécie pas, l'effet est tout de suite visible. Soit il s'envoie des câlins dans la glace, s'embrasse et rit à gorge déployée, soit il s'adresse des grimaces. Généralement, il s'identifie comme étant une image idéale. Il tombera amoureux de lui-même, il s'adorera. Épris de son image, il se projettera dans le futur et s'identifiera à un héros. Avec son imaginaire développé par le miroir, il commencera à supporter la vie, source permanente de frustrations. Il supportera même de ne pas être le maître du monde. Même si l'enfant ne découvre pas de miroir ou son reflet dans l'eau, il passera malgré tout par cette phase. Il trouvera un

moyen de s'identifier et de s'isoler de l'univers, tout en comprenant qu'il doit le conquérir.
Les chats ne connaissent jamais la phase du miroir. Quand ils s'aperçoivent dans une glace, ils cherchent à passer derrière pour attraper l'autre chat qui s'y trouve et ce comportement ne changera jamais, même avec l'âge.

Gâteau d'anniversaire

Souffler des bougies à l'occasion de chaque anniversaire est l'un des rites les plus révélateurs de l'espèce humaine. L'homme se rappelle ainsi à intervalles réguliers qu'il est capable de créer le feu puis de l'éteindre de son souffle. Le contrôle du feu constitue un des rites de passage pour qu'un bébé se transforme en être responsable. Que les personnes âgées n'aient plus le souffle nécessaire à l'extinction des bougies prouve en revanche qu'elles sont désormais socialement exclues du monde humain actif.

L'ouverture par les jeux

En France, dans les années soixante, un propriétaire de haras avait acheté quatre fringants étalons gris qui se ressemblaient tous. Mais ils avaient mauvais caractère. Dès qu'on les laissait côte à côte, ils se battaient et il était impossible de les atteler ensemble car chacun partait dans une direction différente.

Un vétérinaire eut l'idée d'aligner leurs quatre box, avec des jeux sur les parois mitoyennes : des roulettes à faire tourner du bout du museau, des balles à frapper du sabot pour les faire passer d'une stalle à l'autre, des formes géométriques bariolées suspendues à des ficelles.
Il intervertit régulièrement les chevaux afin que tous se connaissent et jouent les uns avec les autres. Au bout d'un mois les quatre chevaux étaient inséparables. Non seulement ils acceptaient d'être attelés ensemble mais ils semblaient trouver un aspect ludique à leur travail.

Indiens d'Amérique

Qu'ils soient sioux, cheyennes, apaches, crows, navajos, comanches, etc., les Indiens d'Amérique du Nord partageaient les mêmes principes.
Tout d'abord ils se considéraient comme faisant partie intégrante de la nature et non maîtres de la nature. Leur tribu ayant épuisé le gibier d'une zone migrait afin que le gibier puisse se reconstituer.
Dans le système de valeurs indien, l'individualisme était source de honte plutôt que de gloire. Il était obscène de faire quelque chose pour soi. On ne possédait rien, on n'avait de droit sur rien. Encore de nos jours, un Indien qui s'achète une voiture sait qu'il devra la prêter au premier Indien qui la lui réclamera. Leurs enfants étaient éduqués sans contraintes. En fait ils s'auto-éduquaient.
Ils avaient découvert les greffes de plantes qu'ils utilisaient par exemple pour créer des hybrides de maïs. Ils connaissaient le principe d'imperméabilisation des

Encore de nos jours, un indien qui s'achète une voiture sait qu'il devra la prêter au premier Indien qui la lui réclamera

toiles grâce à la sève d'hévéa. Ils savaient fabriquer des vêtements de coton dont la finesse de tissage était inégalée en Europe. Ils connaissaient aussi les effets bénéfiques de l'aspirine (acide salicylique), de la quinine…

Dans la société indienne d'Amérique du Nord, il n'y avait pas de pouvoir héréditaire ni de pouvoir permanent. A chaque décision, chacun exposait son point de vue lors du *pow-wow* (conseil de la tribu). C'était avant tout, et bien avant les révolutions républicaines européennes, un régime d'assemblée. Si la majorité n'avait plus confiance en son chef, celui-ci se retirait de lui-même.

C'était une société égalitaire. Il y avait certes un chef mais on n'était chef que si les gens vous suivaient spontanément. Être leader, c'était une question de confiance. A une décision prise en *pow-wow*, chacun n'était obligé d'obéir que s'il avait voté pour cette décision. Un peu comme si, chez nous, il n'y avait que ceux qui trouvaient une loi juste qui l'appliquaient…

Même à l'époque de leur splendeur, les Amérindiens n'ont jamais eu d'armée de métier. Tout le monde participait à la bataille quand il le fallait, mais le guerrier était avant tout reconnu socialement comme chasseur, cultivateur et père de famille. Dans le système indien, toute vie quelle que soit sa forme mérite le respect. Ils ménageaient donc la vie de leurs ennemis pour que ceux-ci fassent de même. Toujours cette idée de réciprocité : ne pas faire aux autres ce qu'on n'a pas envie qu'ils nous fassent.

La guerre était considérée comme un jeu où l'on devait montrer son courage. On ne souhaitait pas la destruction physique de son adversaire. Un des buts du combat guerrier était notamment de toucher l'ennemi par l'extrémité de son bâton à bout rond.

C'était un honneur plus fort que de le tuer. On comptait « une touche ». Le combat s'arrêtait dès les premières effusions de sang. Il y avait rarement des morts. Le principal objectif des guerres inter-ethnies consistait à voler les chevaux de l'ennemi. Culturellement, il leur fut difficile de comprendre la guerre de masse pratiquée par les Européens. Ils furent très surpris quand ils virent que les Blancs tuaient tout le monde, y compris les vieux, les femmes et les enfants. Pour eux, ce n'était pas seulement affreux, c'était surtout aberrant, illogique, incompréhensible. Pourtant, les Indiens d'Amérique du Nord résistèrent relativement longtemps.
Les sociétés sud-américaines furent plus faciles à attaquer. Il suffisait de décapiter la tête royale pour que toute la société s'effondre. C'est la grande faiblesse des systèmes à hiérarchie et à administration centralisée. On les tient par leur monarque. En Amérique du Nord, la société avait une structure plus éclatée. Les cow-boys eurent affaire à des centaines de tribus migrantes. Il n'y avait pas un grand roi immobile mais des centaines de chefs mobiles. Si les Blancs arrivaient à mater ou à détruire une tribu de cent cinquante personnes, ils devaient à nouveau s'attaquer à une deuxième tribu de cent cinquante personnes.
Ce fut malgré tout un gigantesque massacre. En 1492 les Amérindiens étaient dix millions. En 1890 ils étaient cent cinquante mille, se mourant pour la plupart des maladies apportées par les Occidentaux. Lors de la bataille de Little Big Horn, le 25 juin 1876, on assista au plus grand rassemblement indien : dix à douze mille individus dont trois à quatre mille guerriers. L'armée amérindienne écrasa à plate couture les troupes du général Custer. Mais

il était difficile de nourrir tant de personnes sur un si petit territoire. Après la victoire, les Indiens se sont donc séparés. Ils considéraient qu'après avoir subi une telle humiliation les Blancs n'oseraient plus jamais leur manquer de respect.
Ainsi les tribus ont été réduites une à une. Jusqu'en 1900, le gouvernement américain a tenté de les détruire. Après 1900, il a cru que les Amérindiens s'intégreraient au « melting-pot » comme les Noirs, les Latinos, les Irlandais ou les Italiens. Mais Washington se trompait du tout au tout. Les Amérindiens ne voyaient absolument pas ce qu'ils pouvaient apprendre du système social et politique occidental qu'ils considéraient comme nettement moins évolué que le leur.

L'instant où il faut planter

Il ne faut pas se tromper d'instant pour entreprendre quoi que ce soit. Avant c'est trop tôt, après c'est trop tard. Le cas est net pour les légumes. Si on veut réussir son potager, il est indispensable de connaître le moment propice à la plantation et à la récolte.
Asperges : A planter en mars. A récolter en mai.
Aubergines : A planter en mars (bien exposer au soleil). A récolter en août.
Betteraves : A planter en mars. A récolter en octobre.
Carottes : A planter en mars. A récolter en juillet.
Concombres : A planter en avril. A récolter en septembre.
Oignons : A planter en septembre. A récolter en mai.

Poireaux : A planter en septembre. A récolter en juin.
Pommes de terre : A planter en avril. A récolter en juillet.
Tomates : A planter en mars. A récolter en août.

Phalanstère de Fourier

Charles Fourier était un fils de drapier né à Besançon en 1772. Dès la révolution de 1789, il fait preuve d'étonnantes ambitions pour l'humanité. Il veut changer la société. Il expose ses projets en 1796 aux membres du Directoire qui se moquent de lui.
Contraint de travailler dans le commerce, lorsqu'il a du temps libre Charles Fourier poursuit néanmoins sa marotte de la recherche d'une société idéale qu'il décrira dans les moindres détails dans plusieurs livres dont *Le Nouveau Monde industriel et sociétaire*.
Selon cet utopiste, les hommes devraient vivre en petites communautés de mille six cents à mille huit cents membres. La communauté, qu'il nomme phalange, remplace la famille. Sans famille, plus de rapports parentaux, plus de rapports d'autorité. Le gouvernement est restreint au plus strict minimum. Les décisions importantes se prennent en commun au jour le jour sur la place centrale.

La communauté qu'il nomme phalange remplace la famille

Chaque phalange est logée dans une maison-cité que Fourier appelle le « phalanstère ». Il décrit très

précisément son phalanstère idéal : un château de trois à cinq étages. Au premier niveau, des rues rafraîchies en été par des jets d'eau, chauffées en hiver par de grandes cheminées. Au centre se trouve une Tour d'ordre où sont installés l'observatoire, le carillon, le télégraphe Chappe, le veilleur de nuit.
Charles Fourier pense qu'après des siècles d'harmonie chaque phalanstérien sera, à l'exemple des Solariens, habitants du « globe solaire », pourvu d'un nouveau membre, l'archibras : « Ce bras d'harmonie est une véritable queue d'une immense longueur à 144 vertèbres partant du coccyx. Elle se relève et s'appuie sur l'épaule… »
Des disciples de Fourier construiront des phalanstères jusqu'en Argentine, au Brésil, au Mexique et aux États-Unis.
En France, en 1859, André Godin, l'inventeur des poêles de chauffage, crée une communauté qui s'en inspire. Mille deux cents personnes vivent ensemble, fabriquent des poêles et se partagent les profits. Mais le système ne se maintiendra que grâce à l'autorité paternaliste de la famille Godin.

Jeu d'Éleusis

Le but du jeu d'Éleusis est de trouver… sa règle.
Une partie nécessite au moins quatre joueurs. Au préalable, l'un des joueurs, qu'on appelle Dieu, invente une règle et l'inscrit sur un morceau de papier. Cette règle est une phrase baptisée « La Règle du monde ». Deux jeux de cinquante-deux cartes sont ensuite distribués entre les joueurs. L'un

d'eux entame la partie en posant une carte et en déclarant : « Le monde commence à exister. » Le joueur baptisé Dieu fait savoir : « cette carte est bonne » ou « cette carte n'est pas bonne ». Les mauvaises cartes sont mises à l'écart, les bonnes alignées pour former une suite. Les joueurs observent la suite des cartes acceptées par Dieu et s'efforcent de trouver tout en jouant quelle logique préside à cette sélection.

Lorsque quelqu'un pense avoir découvert la règle du jeu, il lève la main et se déclare « prophète ». Il prend alors la parole à la place de Dieu pour indiquer aux autres si la dernière carte posée est bonne ou mauvaise. Dieu surveille le prophète ; si celui-ci se trompe, il est destitué. Si le prophète parvient à donner pour dix cartes d'affilée la bonne réponse, il énonce la règle qu'il a déduite et les autres la comparent avec celle inscrite d'entrée sur le papier. Si les deux se recoupent, il a gagné, sinon il est destitué. Si, les cent quatre cartes posées, personne n'a trouvé la règle et que tous les prophètes se sont trompés, Dieu a gagné.

Mais il faut que la règle du monde soit facile à découvrir. L'intérêt du jeu, c'est d'imaginer une règle simple et pourtant épineuse à trouver. Ainsi, la règle « alterner une carte supérieure à neuf et une carte inférieure ou égale à neuf » est très difficile à découvrir car les joueurs ont naturellement tendance à prêter toute leur attention aux figures. Les règles « uniquement des cartes rouges, à l'exception des dixième, vingtième et trentième » ou « toutes les cartes à l'exception du sept de cœur » sont interdites car trop ardues à repérer.

Si la règle du monde s'avère introuvable, c'est le joueur « Dieu » qui est disqualifié. Il faut viser

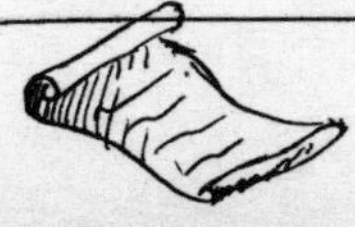

« une simplicité à laquelle on ne pense pas d'emblée ». Quelle est la meilleure stratégie pour gagner ? Chaque joueur a intérêt à se déclarer au plus vite prophète même si c'est risqué.

Rat-taupe

Le rat-taupe (*Heterocephalus glaber*) vit en Afrique de l'Est entre l'Éthiopie et le nord du Kenya. Cet animal est aveugle et sa peau rose est dépourvue de poils. Avec ses incisives il peut creuser des tunnels sur plusieurs kilomètres.

Mais le plus étonnant n'est pas là. Le rat-taupe est le seul cas connu de mammifère se comportant socialement de la même manière que les insectes. Une colonie de rats-taupes compte en moyenne cinq cents individus qui se répartissent, tout comme chez les fourmis, en trois castes principales : sexuées, ouvrières, soldates. Une seule femelle, la reine en quelque sorte, peut enfanter et mettre bas jusqu'à trente petits par portée, et de toutes castes. Pour demeurer l'unique « pondeuse », elle sécrète dans son urine une substance odorante qui bloque les hormones reproductrices des autres femelles du nid.

La constitution de l'espèce en colonies peut s'expliquer par le fait que le rat-taupe vit dans des régions quasi désertiques. Il se nourrit de tubercules et de racines, parfois volumineux et souvent très dispersés. Un rongeur solitaire pourrait creuser droit devant lui des kilomètres durant sans rien trouver et mourir, à coup sûr, de faim et d'épuisement. La vie en société multiplie les chances de

La vie en société multiplie les chances de découvrir de quoi s'alimenter.

découvrir de quoi s'alimenter, d'autant que le moindre tubercule repéré sera équitablement partagé entre tous.
Seule différence notable avec la fourmi : les mâles survivent à l'acte d'amour.

Tour de magie

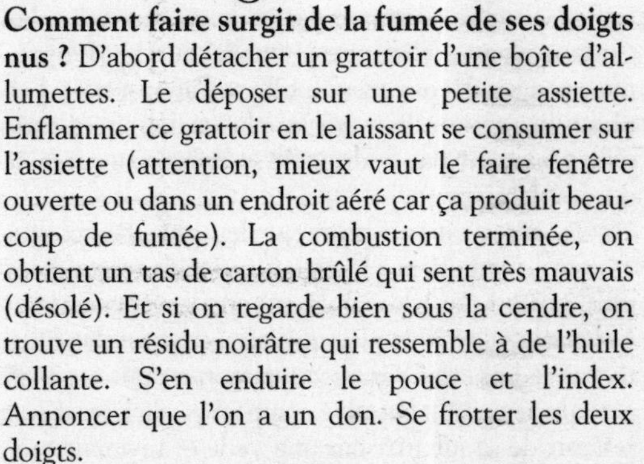

Comment faire surgir de la fumée de ses doigts nus ? D'abord détacher un grattoir d'une boîte d'allumettes. Le déposer sur une petite assiette. Enflammer ce grattoir en le laissant se consumer sur l'assiette (attention, mieux vaut le faire fenêtre ouverte ou dans un endroit aéré car ça produit beaucoup de fumée). La combustion terminée, on obtient un tas de carton brûlé qui sent très mauvais (désolé). Et si on regarde bien sous la cendre, on trouve un résidu noirâtre qui ressemble à de l'huile collante. S'en enduire le pouce et l'index. Annoncer que l'on a un don. Se frotter les deux doigts.
Et abracadrabra, une fumée blanche s'élève, sans qu'on se brûle. Comme ce qui va sans dire va mieux en le disant, l'expérience terminée, bien se laver les mains car cette substance est un peu toxique.

Méthode anti-célibat

Jusqu'en 1920, dans les Pyrénées, les paysans de certains villages résolvaient d'une manière simple et directe les problèmes de célibat. Il y avait un soir dans l'année appelé « la nuit des mariages ». Ce soir-là les gens du pays rassemblaient tous les jeunes gens et toutes les jeunes filles ayant seize ans révolus. Ils se débrouillaient pour qu'il y ait exactement le même nombre de filles que de garçons. Un grand banquet était organisé en plein air, à flanc de montagne, et tous les villageois mangeaient et buvaient abondamment.

A une heure donnée, les filles quittaient la table les premières. Elles couraient se dissimuler dans les taillis. Comme pour une partie de cache-cache, les garçons partaient ensuite à leur recherche. Le premier à avoir découvert une fille se l'appropriait. Les plus jolies étaient bien sûr les plus recherchées mais elles n'avaient pas le droit de se refuser au premier qui les débusquait.

Or ce n'était pas forcément les plus beaux qui étaient les premiers à les découvrir mais toujours les plus rapides, les plus observateurs, les plus malins. Les autres n'avaient plus qu'à se contenter des filles moins séduisantes car aucun garçon n'était autorisé à rentrer au village sans compagne. Si l'un d'eux refusait de se rabattre sur une laide et revenait bredouille, il était banni du bourg.

Heureusement, plus la nuit avançait et plus l'obscurité avantageait les moins jolis minois. Le lendemain, on procédait aux mariages. Inutile de préciser qu'il y avait peu de vieux garçons et de vieilles filles isolés dans ces villages.

Dictée

Testez sur vos amis la dictée suivante : « Sous un arbre, vos laitues naissent-elles ? Si vos laitues naissent vos navets naissent. » Liez bien les syllabes pour obtenir un effet du genre « volait une estelle ».
Autre dictée amusante à massacrer : « La pie niche haut. L'oie niche bas. Le hibou niche ni haut ni bas. » A prononcer en liant le plus possible les syllabes de façon à faire comprendre l'« ouanichba ».

Utopie

Nul n'a besoin de démontrer la parfaite harmonie qui règne entre les différentes parties de notre corps. Toutes nos cellules sont à égalité. L'œil droit n'est pas jaloux de l'œil gauche. Le poumon droit n'envie pas le poumon gauche. Dans notre corps, toutes les cellules, tous les organes, toutes les parties n'ont qu'un unique et même objectif : servir l'organisme global de façon que celui-ci fonctionne au mieux.
Les cellules de notre corps connaissent, et avec réussite, et le communisme et l'anarchisme. Toutes égales, toutes libres, mais avec un but commun : vivre ensemble le mieux possible. Grâce aux hormones et aux influx nerveux, l'information circule instantanément au travers de notre corps mais n'est transmise qu'aux seules parties qui en ont besoin.
Dans le corps, il n'y a pas de chef, pas d'administration, pas d'argent. Les seules richesses sont le sucre et l'oxygène et il n'appartient qu'à l'organisme global de

décider quels organes en ont le plus besoin. Quand il fait froid par exemple, le corps humain prive d'un peu de sang les extrémités de ses membres pour en alimenter les zones les plus vitales. C'est pour cette raison que doigts et orteils bleuissent les premiers.
En recopiant à l'échelle macrocosmique ce qui se passe dans notre corps à l'échelle microcosmique, nous prendrions exemple sur un système d'organisation qui a fait ses preuves depuis longtemps.

Ainsi naquit la mort

La mort est apparue il y a précisément sept cents millions d'années. Jusque-là, et depuis quatre milliards d'années, la vie s'était limitée à la monocellularité. Sous sa forme monocellulaire, elle était immortelle puisque capable de se reproduire à l'identique et à l'infini. De nos jours, on trouve encore des traces de ces systèmes monocellulaires immortels dans les barrières de corail.
Un jour cependant, deux cellules se sont rencontrées, se sont parlé et ont décidé de fonctionner ensemble, en complémentarité. Sont apparues alors des formes de vie multicellulaires. Simultanément la mort a fait aussi son apparition. En quoi les deux phénomènes sont-ils liés ?
Quand deux cellules souhaitent s'associer, elles sont contraintes de communiquer et leur communication les portent à se répartir les tâches afin d'être plus efficaces. Elles décideront par exemple que ce n'est pas la peine que toutes deux s'échinent à digérer la nourriture, l'une repérera les aliments et l'autre les digérera.

Par la suite, plus les rassemblements de cellules ont été importants, plus leur spécialisation s'est affinée. Plus leur spécialisation s'est affinée, plus chaque cellule s'est fragilisée et cette fragilité ne faisant que s'accentuer, la cellule a fini par perdre son immortalité originelle. Ainsi naquit la mort. De nos jours, nous voyons des ensembles animaliers constitués d'immenses agrégats de cellules extrêmement spécialisées et qui dialoguent en permanence.
Les cellules de nos yeux sont très différentes des cellules de notre foie et les premières s'empressent de signaler qu'elles aperçoivent un plat chaud afin que les secondes puissent aussitôt se mettre à fabriquer de la bile bien avant l'arrivée du mets dans la bouche. Dans un corps humain, tout est spécialisé, tout communique et donc tout est fragile et mortel.
La nécessité de la mort peut s'expliquer d'un autre point de vue. La mort est indispensable pour assurer l'équilibre entre les espèces. Si une espèce pluricellulaire se trouvait être immortelle, elle continuerait à se spécialiser jusqu'à résoudre tous les problèmes et devenir tellement efficace qu'elle compromettrait la perpétuité de toutes les autres formes de vie.
Une cellule du foie cancéreuse produit en permanence des morceaux de foie sans tenir compte des autres cellules qui lui disent que ce n'est plus nécessaire. La cellule cancéreuse a pour ambition de retrouver cette ancienne immortalité et c'est pour cela qu'elle tue l'ensemble de l'organisme, un peu comme ces gens qui parlent tout seuls en permanence sans rien écouter autour d'eux.
La cellule cancéreuse est une cellule autiste, c'est pourquoi elle est dangereuse. Elle se reproduit sans cesse et, dans sa folle quête d'immortalité, elle finit par tout tuer autour d'elle.

Chamanisme

Presque toutes les cultures de l'humanité connaissent le chamanisme. Les chamans ne sont ni des chefs, ni des prêtres, ni des sorciers, ni des sages. Leur rôle consiste simplement à réconcilier l'homme avec la nature.

Chez les Indiens Caraïbes du Surinam, la phase initiale de l'apprentissage chamanique dure vingt-quatre jours, divisés en quatre périodes de trois jours d'instruction et trois jours de repos. Les jeunes apprentis, en général six jeunes d'âge pubère, car c'est l'âge où la personnalité est encore malléable, sont initiés aux traditions, aux chants et aux danses. Ils observent et imitent les mouvements et les cris des animaux pour mieux les comprendre. Pendant toute la durée de leur enseignement, ils ne mangent pratiquement pas mais mâchent des feuilles de tabac et boivent du jus de tabac. Le jeûne et la consommation de tabac provoquent chez eux de fortes fièvres et d'autres troubles physiologiques. L'initiation est de plus parsemée d'épreuves physiquement dangereuses qui placent l'individu à la limite de la vie et de la mort, en détruisant sa personnalité. Après quelques jours de cette initiation à la fois exténuante, dangereuse et intoxicante, les apprentis parviennent à « visualiser » certaines forces et à se familiariser avec l'état de transe extatique.

L'initiation chamanique est une réminiscence de l'adaptation de l'homme à la nature. En état de péril, soit on s'adapte, soit on disparaît. En état de péril, on observe sans juger et sans intellectualiser. On apprend à désapprendre. Vient ensuite pour l'apprenti chaman une période de vie solitaire de près de trois ans dans la forêt, pendant laquelle il se nourrit seul dans la nature. S'il survit, il réapparaîtra au village, épuisé, sale, presque en état de démence. Un vieux chaman le prendra alors en charge pour la suite de l'initiation. Le maître tentera d'éveiller chez le jeune la faculté de transformer ses hallucinations en expériences « extatiques » contrôlées.

Il est paradoxal que cette éducation par la destruction de la personnalité humaine pour revenir à un état d'animal sauvage transforme le chaman en super-gentleman. Le chaman, à la fin de son initiation, est en effet un citoyen plus fort tant dans sa maîtrise de lui-même, ses capacités intellectuelles et intuitives, que dans sa moralité. Les chamans yakoutes de Sibérie ont trois fois plus de culture et de vocabulaire que la moyenne de leurs concitoyens.

Selon le professeur Gérard Amzallag, auteur du livre *Philosophie biologique*, les chamans sont aussi les gardiens et sans doute les auteurs de la littérature orale. Celle-ci présente des aspects mythiques, poétiques et héroïques qui constitueront la base de toute la culture du village.

De nos jours, dans la préparation aux transes extatiques, on constate une utilisation de plus en plus répandue de narcotiques et de champignons hallucinogènes. Ce phénomène trahit une baisse de la qualité de l'éducation des jeunes chamans et un affaiblissement progressif de leur pouvoir.

L'histoire vécue et l'histoire racontée

L'histoire qu'on nous enseigne à l'école, c'est l'histoire des rois, des batailles et des villes. Mais ce n'est pas la seule histoire, loin de là. Jusqu'en 1900, plus des deux tiers des gens vivaient en dehors des villes, dans les campagnes, les forêts, les montagnes, les bords de mer. Les batailles ne concernaient qu'une partie infime des populations.

L'histoire officielle nous propose une vision darwinienne de l'évolution de l'humanité : sélection des plus aptes, disparition des plus faibles.

Mais l'Histoire avec un grand « H » exige des traces écrites et les scribes étaient le plus souvent des scribes de cour, des chroniqueurs aux ordres de leur maître. Ils ne racontaient que ce que le roi leur disait de raconter. Ils ne consignaient donc que des préoccupations de rois : batailles, mariages princiers et problèmes de successions au trône.

L'histoire des campagnes est ignorée ou presque car les paysans ne disposant pas de scribes et ne sachant pas écrire transmettaient leur vécu sous forme de sagas orales, de chants, de mythologies et de contes pour coin du feu, de blagues même.

L'histoire officielle nous propose une vision darwinienne de l'évolution de l'humanité : sélection des plus aptes, disparition des plus faibles. Elle sous-entend que les aborigènes d'Australie, les peuples des forêts d'Amazonie, les Indiens d'Amérique, les Papous ont historiquement tort parce qu'ils ont été militairement inférieurs. Or il se peut qu'au contraire ces peuples dits primitifs puissent nous apporter par leurs mythologies, leurs organisations sociales, leurs médecines, des apports qui nous manquent pour notre bien-être futur.

Fourmis d'Argentine

Les fourmis d'Argentine (*Iridomyrmex humilis*) ont débarqué en France en 1920. Elles ont selon toute vraisemblance été transportées dans des bacs de lauriers-roses destinés à égayer les routes de la Côte d'Azur. On signale pour la première fois leur existence en 1866 à Buenos Aires, d'où leur surnom. En 1891 on les repère aux États-Unis, à La Nouvelle-Orléans. Tapies dans les litières de chevaux argentins exportés, elles arrivent ensuite en Afrique du Sud en 1908, au Chili en 1910, en Australie en 1917.
Cette espèce se différencie non seulement par sa taille infime, qui la met en position de Pygmée au regard des autres fourmis, mais aussi par son intelligence et une agressivité guerrière qui sont au demeurant ses principales caractéristiques. Pour ne pas prendre de risque au moment de l'essaimage, les reines des fourmis d'Argentine ne s'envolent pas à l'air libre mais restent à copuler dans des salles souterraines. Ainsi, au lieu de perdre 98% des reines (en général gobées par des oiseaux au moment de l'envol nuptial), les Argentines ont 0% de perte.
De même dans les cités, au lieu de ne dépendre que d'une reine, les Argentines en utilisent une vingtaine d'autres, toutes facilement remplaçables. Les Argentines enfin présentent une autre particu-

larité, elles sont solidaires à l'échelle de la planète. Si on s'empare d'une fourmi d'une cité argentine australienne et qu'on l'expatrie au Chili, elle sera immédiatement reconnue et admise par ses congénères. Alors que si l'on choisit une *Lasius niger* d'une cité pour l'emporter dans une autre cité de *Lasius niger* éloignée au maximum de cinq cents mètres, elle sera mise à mort sur-le-champ.
A peine établies dans le sud de la France, les fourmis d'Argentine ont mené la guerre contre toutes les espèces autochtones... et les ont vaincues ! En 1960, elles ont franchi les Pyrénées et sont allées jusqu'à Barcelone. En 1967, elles ont passé les Alpes et se sont déversées jusqu'à Rome. Puis, dès les années soixante-dix, les *Iridomyrmex humilis* ont commencé à remonter vers le nord. On pense qu'elles ont traversé la Loire lors d'un été chaud de la fin des années quatre-vingt-dix. Ces envahisseurs, dont les stratégies de combat n'ont rien à envier à un César ou à un Napoléon, se sont alors trouvés face à deux espèces un peu plus coriaces : les fourmis rousses (au sud et à l'est de la région parisienne) et les fourmis pharaons (au nord et à l'ouest de Paris).

Prédateur

Que serait notre civilisation humaine si elle ne s'était pas débarrassée de ses prédateurs majeurs tels les loups, les lions, les ours ou les lycaons ? Sûrement une civilisation inquiète, en perpétuelle remise en cause.
Les Romains, pour se donner des frayeurs au milieu des libations, faisaient apporter un cadavre qui res-

tait exposé en position verticale jusqu'à la fin du banquet. Tous les convives se rappelaient ainsi que rien n'est jamais gagné et que la mort peut survenir à n'importe quel instant. Mais de nos jours l'homme a écrasé, éliminé, mis au musée toutes les espèces capables de le manger. Si bien qu'il ne lui reste plus que les microbes pour prédateurs.
La civilisation myrmécéenne, en revanche, s'est développée sans parvenir à éliminer ses prédateurs majeurs. Résultat : cet insecte vit une perpétuelle remise en cause. Il sait qu'il n'a accompli que la moitié du chemin puisque même l'animal le plus stupide peut détruire d'un coup de patte le fruit de millénaires d'expérience réfléchie.

Paradoxe d'Épiménide

A elle seule, la phrase « cette phrase est fausse » constitue le paradoxe d'Épiménide. Quelle phrase est fausse ? Cette phrase. Si je dis qu'elle est fausse, je dis la vérité. Donc elle n'est pas fausse. Donc elle est vraie. La phrase renvoie à son propre reflet inversé. Et c'est sans fin.

Gardes rouges de Chengdu

Jusqu'en 1967, Chengdu, capitale de la province chinoise du Sichuan, était une ville tranquille. Perchée à 2 500 mètres d'altitude dans la chaîne himalayenne, cette cité ancienne fortifiée comprenait 3 millions d'habitants qui n'étaient pour

la plupart guère informés de ce qui se passait à Pékin ou à Shanghai. Or à l'époque ces métropoles commençaient à être surpeuplées et Mao Tsé-toung avait décidé de les vider. On sépara les familles, envoyant les parents travailler dans les champs et les enfants faire leur éducation communiste dans les centres de formation des Gardes rouges. Ces centres étaient de véritables camps de travail. Les enfants étaient mal nourris. On expérimentait sur eux des aliments cellulosiques à base de sciure de bois et ils mouraient comme des mouches.
Cependant, Pékin était agité par des disputes de palais ; Lin Piao, dauphin officiel de Mao et responsable des Gardes rouges, tomba en disgrâce. Les cadres du parti incitèrent les enfants Gardes rouges à se révolter contre leurs gardiens. Subtilité toute chinoise : c'était au nom du maoïsme que les enfants avaient dorénavant le devoir de s'évader des camps maoïstes et de rouer de coups leurs instructeurs.
Libérés, les enfants Gardes rouges se répandirent à travers le pays sous le prétexte de prêcher la bonne parole maoïste contre l'État corrompu. En fait, la plupart cherchaient surtout à s'évader de Chine. Ils prirent d'assaut les gares et partirent vers l'ouest où des rumeurs assuraient qu'il existait une filière permettant de traverser clandestinement la frontière et de passer en territoire indien. Or, tous les trains se dirigeant vers l'ouest avait pour terminus Chengdu. C'est donc dans cette ville montagneuse que se déversèrent des milliers de jeunes âgés de treize à quinze ans.
Au début cela ne se passa pas trop mal. Les enfants racontèrent comment ils avaient souffert dans les camps de Gardes rouges et la population de Chengdu les prit en pitié. On leur offrit des frian-

dises, on les nourrit, on leur donna des tentes où dormir, des couvertures pour se réchauffer. Mais la marée humaine continuait à se répandre dans la gare de Chengdu. De mille qu'ils étaient d'abord, il y eut bientôt deux cent mille jeunes fugitifs.
La bonne volonté des citoyens du lieu ne suffit plus à les satisfaire. Le chapardage se généralisa. Les commerçants qui refusaient d'être volés se faisaient tabasser. Ils se plaignirent au maire de la ville, lequel n'eut pas le temps de réagir car les enfants vinrent le quérir pour l'obliger à se livrer à une autocritique publique. A la suite de quoi, il fut rossé et contraint de déguerpir. Les enfants organisèrent alors l'élection d'un nouveau maire et présentèrent « leur » candidat, un gamin joufflu de treize ans, paraissant un peu plus que son âge, qui disposait d'un charisme certain pour que les autres Gardes rouges le respectent. La ville se couvrit d'affiches incitant les électeurs à voter pour lui. Comme il n'était pas bon orateur, des dazibaos firent connaître ses projets. Il fut élu sans difficulté et institua un gouvernement d'enfants dont le doyen était un conseiller municipal de quinze ans. Le chapardage n'était plus un délit. Tous les commerçants furent astreints à un impôt de l'invention du nouveau maire. Chaque habitant se devait d'offrir un logement aux Gardes rouges.
Comme la ville était très isolée, nul ne fut informé des événements survenus. Les notables du lieu s'en inquiétèrent et envoyèrent une délégation avertir le préfet de la région. Ce dernier prit l'affaire très au sérieux et demanda à Pékin de faire donner l'armée pour réduire les insurgés. Contre deux cent mille enfants, la capitale envoya des centaines de chars et des milliers de soldats surarmés. Leur consigne :

« Tuer tous les moins de quinze ans. » Les gamins tentèrent de résister dans cette cité fortifiée de cinq murailles d'enceinte, mais la population de Chengdu ne les soutint pas. Elle était surtout soucieuse de protéger ses propres jeunes en leur cherchant des refuges dans la montagne. Deux jours durant, ce fut la guerre des adultes contre les enfants. L'Armée rouge dut recourir au final à des bombardements aériens pour réduire les dernières poches de résistance. Tous les gamins furent tués.
L'affaire ne sera pas ébruitée car, peu de temps après, le président américain Richard Nixon rencontrait Mao Tsé-toung et l'heure n'était plus à critiquer la Chine.

Comment

Devant un obstacle, un être humain a souvent pour premier réflexe de se demander : « Pourquoi y a-t-il ce problème et de qui est-ce la faute ? » Il cherche les coupables et la punition que l'on devra leur infliger.
Il y aura toujours une grande différence entre ceux qui se demandent « pourquoi les choses ne fonctionnent pas » et ceux qui se demandent « comment faire pour qu'elles fonctionnent ». Pour l'instant, le monde humain appartient à ceux qui se demandent « pourquoi ». Mais l'avenir appartient forcément à ceux qui se demandent « comment ».

Recettes pour créer de Brian Eno

1. Briser les routines.
2. Tirer profit du hasard et des erreurs.
3. Penser en diagramme.
4. Ne pas se laisser fasciner par la complexité et la technologie. La technologie est là pour être utilisée, c'est tout. Il ne faut pas rechercher la prouesse technique. Seule compte l'émotion.
5. Rester dans l'art populaire. Si on ne parvient pas à plaire ni à se faire comprendre du grand public c'est de notre faute. La réaction du grand public est la pression la plus stimulante. Il ne sert à rien de prêcher dans le désert.
6. Croire dans le pouvoir de l'art à influer sur la réalité. L'art est un moyen de comprendre comment fonctionne le monde et comment on fonctionne soi-même.
7. Persuader par la séduction plutôt que par l'agression. Une des fonctions de l'art est de présenter un monde désirable. Face à une représentation de bien-être et de beauté, on mesure tout ce que la réalité a d'imparfait. Et on réfléchit naturellement aux moyens de supprimer les obstacles qui nous séparent de cette vision.
8. Constituer un réseau de gens qui comprennent votre démarche et entretiennent des démarches similaires. En discutant avec les autres, vous découvrirez des idées que vous n'auriez jamais conçues seul.
9. Transporter sa culture avec soi. Et élaborer des hybrides avec les cultures extérieures.

Holographie

Le point commun entre le cerveau humain et la fourmilière peut être symbolisé par l'image holographique.

Qu'est-ce que l'holographie ? Une superposition de bandes graphiques qui une fois réunies et éclairées sous un certain angle donnent une impression d'image en relief. En fait, l'image existe partout et nulle part à la fois. De la réunion des bandes gravées est née autre chose, une tierce dimension : l'illusion du relief.

Chaque neurone de notre cerveau, chaque individu de la fourmilière détient la totalité de l'information. Mais la collectivité est nécessaire pour que puisse émerger la conscience, la « pensée en relief ».

Complots

Le système d'organisation le plus répandu parmi les humains est le suivant : une hiérarchie complexe d'« administratifs », hommes et femmes de pouvoir, encadre ou plutôt gère le groupe plus restreint des « créatifs », dont les « commerciaux », sous couvert de distribution, s'approprient ensuite le travail. Administratifs, créatifs, commerciaux. Voilà les trois castes qui correspondent de nos jours aux ouvrières, soldates et sexuées chez les fourmis.

La lutte entre Staline et Trotski, au début du XXe siècle, illustre à merveille le passage d'un système avantageant les créatifs à un système privilégiant les administratifs. Trotski, le mathématicien,

On progresse mieux, et plus vite, dans les strates de la société si l'on sait séduire.

l'inventeur de l'Armée rouge, est en effet évincé par Staline, l'homme des complots. Une page est tournée.
On progresse mieux, et plus vite, dans les strates de la société si l'on sait séduire, réunir des tueurs, désinformer, que si l'on est capable de produire des concepts ou des objets nouveaux.

Choc des civilisations

Le contact entre deux civilisations est toujours un instant délicat. Parmi les grandes remises en question qu'ont connues les êtres humains, on peut noter le cas des Noirs africains enlevés comme esclaves au XVIIIe siècle.
La plupart des populations qui furent asservies vivaient à l'intérieur des terres. Elles n'avaient jamais vu la mer. Tout à coup, un roi voisin venait leur faire la guerre sans raison apparente, puis, au lieu de les tuer, les retenait captives, les enchaînait et les faisait marcher en direction de la côte.
Au bout de ce périple elles découvraient deux choses incompréhensibles : 1. la mer immense, 2. les Européens et leur peau blanche. Or la mer, même si elles ne l'avaient jamais vue de leurs yeux, était connue par l'entremise des contes comme étant le pays des morts. Quant aux Blancs, c'étaient pour eux comme des extraterrestres, ils avaient une odeur bizarre, ils avaient une peau d'une couleur bizarre, ils avaient des vêtements bizarres.
Beaucoup mouraient de peur, d'autres, affolés, sautaient des bateaux et se faisaient dévorer par les requins, se noyaient. Les survivants allaient, eux, de

surprise en surprise. Ils voyaient quoi ? Par exemple les Blancs qui buvaient du vin. Et ils étaient sûrs que c'était du sang, le sang des leurs.

Phéromone humaine

Tout comme les insectes qui communiquent par les odeurs, l'homme dispose d'un langage olfactif par lequel il dialogue discrètement avec ses semblables.

Puisque nous n'avons pas d'antennes émettrices, nous projetons les phéromones dans l'air à partir des aisselles, des tétons, du cuir chevelu et des organes génitaux. Ces messages sont perçus inconsciemment mais n'en sont pas moins efficaces. L'être humain a cinquante millions de terminaisons nerveuses olfactives : cinquante millions de cellules capables d'identifier des milliers d'odeurs, alors que notre langue ne sait reconnaître que quatre saveurs.

Quel usage faisons-nous de ce mode de communication ? Tout d'abord, l'appel sexuel. Un mâle humain pourra très bien être attiré par une femelle humaine uniquement parce qu'il en a apprécié ses parfums naturels (d'ailleurs trop souvent cachés sous des parfums artificiels). Il pourra de même se trouver repoussé par une autre dont les phéromones ne lui « parlent » pas. Le processus est subtil. Les deux êtres ne se douteront même pas du dialogue olfactif qu'ils ont entretenu. On dira juste que « l'amour est aveugle ».

Cette influence des phéromones humaines peut aussi se manifester dans les rapports d'agression. Comme chez les chiens, un homme qui hume des effluves transportant le message « peur » de son adversaire aura naturellement envie de l'attaquer. Enfin l'une des conséquences les plus spectaculaires de l'action des phéromones humaines est sans doute la synchronisation des cycles menstruels. On s'est en effet aperçu que plusieurs femmes vivant ensemble émettent des odeurs qui ajustent leur organisme de sorte que leurs règles se déclenchent en même temps.

Bateleurs en Chine

Les annales de l'Empire chinois signalent aux environs de l'an 115 de notre ère l'arrivée d'un bateau, vraisemblablement d'origine romaine, que la tempête avait malmené et qui s'échoua sur la côte après des jours de dérive.

Or les passagers étaient des acrobates et des jongleurs qui à peine à terre voulurent se concilier les habitants de ce pays inconnu en leur donnant un spectacle. Les Chinois virent ainsi – bouche bée – ces étrangers au long nez cracher le feu, nouer leurs membres, changer les grenouilles en serpents, etc. Ils en conclurent à bon droit que l'Ouest était peuplé de clowns et de mangeurs de feu. Et plusieurs centaines d'années passèrent avant qu'une occasion de les détromper ne se présente.

Gestation

Pour les mammifères de type supérieur, le temps complet de gestation est normalement de dix-huit mois. Mais à neuf mois le petit humain doit être

éjecté car il a déjà une tête trop grosse : si on attendait davantage, elle deviendrait si volumineuse qu'elle ne permettrait plus le passage dans le bassin de la mère. C'est comme s'il y avait une erreur d'ajustement entre l'obus et le canon.
Le fœtus sort donc alors qu'il n'est pas encore complètement formé. Ce phénomène explique que ses neuf premiers mois, le nouveau-né humain est incapable de vivre seul, qu'il ne peut ni voir, ni se mouvoir, ni se nourrir. Même son crâne est encore mou.

Les parents devront créer une sorte de ventre affectif.

Contrairement au poulain, par exemple, qui peut gambader dès le lendemain de sa naissance. Il devient alors indispensable et nécessaire de prolonger les neuf mois de vie intra-utérine du fœtus par neuf mois extra-utérins. Durant cette période délicate, la couvaison devra s'accompagner d'une présence très forte de la mère. Les parents devront fabriquer une sorte de ventre affectif imaginaire où le nouveau-né se sentira d'autant plus protégé, aimé, accepté que, pour sa part, il n'est virtuellement pas encore véritablement né. A neuf mois se produira alors ce qu'on appelle le « deuil du bébé ». Le bébé prendra conscience que lui et l'extérieur sont différents.
De même qu'un enfant a besoin d'un solide cocon protecteur durant les neuf mois qui suivent sa naissance, un vieillard agonisant a besoin d'un cocon psychologique de soutien durant les neuf mois qui précéderont sa mort. Il s'agit d'une période pour lui essentielle car, intuitivement, il sait que le compte à

rebours a commencé. Durant ses neuf derniers mois, le mourant abandonne sa vieille peau et ses connaissances, comme s'il se déprogrammait. Il accomplit un processus inverse de celui de la naissance.
En fin de trajectoire, tout comme le bébé, le vieillard mange de la bouillie, porte des langes, n'a ni dents ni cheveux et babille un charabia difficilement compréhensible. Si on entoure généralement les bébés durant les neuf premiers mois suivant leur naissance, on pense rarement à entourer les vieillards les neuf derniers mois précédant leur mort. En toute logique, ils auraient pourtant besoin d'une infirmière qui jouerait le rôle de la mère, « ventre psychique ». Celle-ci devrait se montrer très attentionnée afin de leur fournir le cocon de protection indispensable à leur ultime métamorphose.

Test psychologique

Voilà un petit test pratique pour mieux connaître quelqu'un.

Quadriller une feuille en six cases.
Inscrire dans la première un cercle.
Dans la deuxième case un triangle.
Dans la troisième un escalier.
Dans la quatrième une croix.
Dans la cinquième un carré.
Dans la sixième un chiffre 3 renversé à 90° pour former une sorte de « m » arrondi.
Demander à la personne de compléter chaque forme géométrique de manière à former quelque chose de non abstrait. Puis demander d'inscrire un adjectif à côté de chaque dessin.

Une fois ce travail terminé examinez les dessins en sachant que :
Le dessin autour du cercle : va indiquer comment la personne se voit elle-même.
Le dessin autour du triangle : va indiquer comment la personne croit que les autres la voient.
Le dessin autour des marches : comment elle voit la vie en général.
Le dessin autour de la croix : comment elle voit sa spiritualité.
Le dessin autour du carré : comment elle voit la famille.
Le dessin autour du trois incliné : comment elle voit l'amour.
Évidemment, ce test n'a pas d'autres prétentions que de s'occuper un peu en attendant les plats dans un restaurant, mais il peut s'avérer un indicateur intéressant.

Squelette

Vaut-il mieux avoir le squelette à l'intérieur ou à l'extérieur du corps ?

Lorsque le squelette est à l'extérieur, comme chez certains insectes, il constitue une carrosserie protectrice. La chair est à l'abri des dangers. Mais lorsqu'une pointe arrive à passer malgré tout la carapace, les dégâts sont irrémédiables. Lorsque le squelette ne forme qu'une barre mince et rigide à l'intérieur de la masse, la chair palpitante est exposée à toutes les agressions. Les blessures sont multiples et permanentes. Mais justement, cette faiblesse apparente oblige le muscle à durcir et la fibre à résister. La chair évolue.

J'ai vu des humains qui s'étaient forgé, grâce à leur esprit, des carapaces « intellectuelles » les protégeant des contrariétés. Ils semblaient plus solides que la moyenne. Ils disaient « je m'en fiche » et riaient de tout. Mais lorsqu'une contrariété arrivait à passer leur carapace les dégâts étaient terribles.

J'ai vu des humains souffrir de la moindre contrariété, du moindre effleurement, mais leur esprit ne se fermait pas pour autant, ils restaient sensibles à tout et apprenaient de chaque agression.

Recette du pain

A l'usage de ceux qui l'ont oubliée.

Ingrédients :
600 g de farine
1 paquet de levure sèche
1 verre d'eau
2 cuillerées à café de sucre
1 cuillerée à café de sel, un peu de beurre.

Versez la levure et le sucre dans l'eau et laissez reposer une demi-heure. Une mousse épaisse et grisâtre se forme alors. Versez la farine dans une jatte, ajoutez le sel, creusez un puits au centre pour y verser lentement le liquide. Mélanger tout en versant. Couvrez la jatte et laissez reposer un quart d'heure dans un endroit tiède et à l'abri des courants d'air.

La température idéale est de 27°C mais, à défaut, il vaut mieux une température plus basse. La chaleur tuerait la levure. Quand la pâte a levé, travaillez-la un peu à pleines mains. Puis laissez-la à nouveau lever pendant trente minutes. Ensuite vous pourrez la faire cuire pendant une heure dans un four ou dans des cendres de bois.

L'inverse

Toute routine entraîne progressivement une sclérose. Par moments, il peut être intéressant d'essayer de faire l'inverse de ce que l'on désire vraiment. Lorsqu'on veut dormir, on reste éveillé. Lorsqu'on veut écouter de la musique, on reste dans le silence. Lorsqu'on veut prendre la voiture, on va à pied.
Ce petit exercice permet de découvrir des sensations nouvelles et des chemins inconnus.

Par moments, il peut être intéressant d'essayer de faire l'inverse de ce que l'on désire vraiment.

Instinct maternel

Beaucoup s'imaginent que l'amour maternel est un sentiment humain naturel et automatique. Rien de plus faux. Jusqu'à la fin du XIXe siècle, la plupart des femmes appartenant à la bourgeoisie occidentale plaçaient leurs enfants en nourrice et ne s'en occupaient plus.
Les paysannes n'étaient guère plus attentionnées. On emmaillotait les bébés dans des langes très serrés puis on les accrochait au mur pas trop loin de la cheminée afin qu'ils n'aient pas froid.

Le taux de mortalité infantile étant très élevé, les parents étaient fatalistes, sachant qu'il n'y avait qu'une chance sur deux pour que leurs enfants survivent jusqu'à l'adolescence.
Ce n'est qu'au début du XXe siècle que les gouvernements ont compris l'intérêt économique, social et militaire de ce fameux « instinct maternel ». En particulier lors de recensements de la population, car on s'aperçut alors du grand nombre d'enfants mal nourris, maltraités, battus. A la longue, les conséquences risquaient d'être lourdes pour l'avenir d'un pays. On développa l'information, la prévention, et, peu à peu, les progrès de la médecine en matière de maladies infantiles permirent d'affirmer que les parents pouvaient dorénavant s'investir affectivement dans leurs enfants sans crainte de les perdre prématurément. On mit donc à l'ordre du jour l'« instinct maternel ».
Un nouveau marché naquit peu à peu : couches-culottes, biberons, laits maternisés, petits pots, jouets. Le mythe du Père Noël se répandit dans le monde.
Les industriels de l'enfance, au travers de multiples réclames, créèrent l'image de mères responsables, et le bonheur de l'enfant devint une sorte d'idéal moderne.
Paradoxalement, c'est au moment où l'amour maternel s'affiche, se revendique et s'épanouit, devenant le seul sentiment incontestable dans la société, que les enfants, une fois grands, reprochent constamment à leur mère de ne pas s'être suffisamment souciée d'eux. Et, plus tard, ils déversent... chez un psychanalyste leurs ressentiments et leurs rancœurs envers leur génitrice.

Omnivores

Les maîtres de la Terre ne peuvent être qu'omnivores. Pouvoir ingurgiter toutes les variétés de nourriture est une condition sine qua non pour étendre son espèce dans l'espace et dans le temps. Pour s'affirmer maître de la planète, on doit être capable d'avaler toutes les formes d'aliments que celle-ci propose. Un animal qui dépend d'une unique source de nourriture voit son existence remise en cause si celle-ci disparaît. Combien d'espèces d'oiseaux se sont effacées tout simplement parce qu'elles ne se nourrissaient que d'une seule sorte d'insectes et que ces insectes avaient migré sans qu'elles puissent les suivre ? Les marsupiaux qui ne mangent que des feuilles d'eucalyptus sont de même incapables de voyager ou de survivre dans des zones déboisées.

L'homme, comme la fourmi, la blatte, le cochon et le rat, l'a compris. Ces cinq espèces goûtent, mangent et digèrent pratiquement tous les aliments. Elles peuvent donc convoiter le titre d'animal maître du monde. Autres points communs : ces cinq espèces modifient en permanence leur bol alimentaire pour s'adapter au mieux à leur milieu ambiant. Elles utilisent d'ailleurs leur structure sociale pour disposer de testeurs d'aliments nouveaux afin d'éviter les épidémies et les empoisonnements.

Haptonomie

A la fin de la Seconde Guerre mondiale, un médecin néerlandais rescapé des camps de concentration, Franz Veldman, estima que si le monde allait mal, c'était parce que les enfants n'étaient pas suffisamment aimés assez tôt.

Ce scientifique remarqua que les pères, essentiellement préoccupés par leur travail ou la guerre, ne s'occupaient que rarement de leur progéniture avant l'adolescence. Veldman chercha alors un moyen de faire participer le père au plus vite, dès la grossesse de l'épouse.

Comment ? Par un contact des mains sur le ventre de la mère (en grec *haptein* : le toucher, et *nomos*, la loi, donc littéralement la loi du toucher). Rien qu'en caressant d'une certaine manière le ventre de la mère, le père peut signaler son existence à l'enfant et nouer un premier lien avec lui. A la surprise générale, on constata que bien souvent le fœtus savait reconnaître entre plusieurs contacts précisément celui de la main de son père. Et il est même capable de s'y nicher. Les pères les plus doués parviennent à lui faire faire des pirouettes d'une main à l'autre. Cette technique s'est diffusée dès 1980.

Actuellement l'haptonomie donne lieu à des débats : est-il opportun de déranger le fœtus alors qu'il est en train de se construire ? L'haptonomie, en aménageant au plus tôt le triangle « mère, père, enfant », a en tout cas le mérite de responsabiliser un peu plus le père. En outre, la mère se sent moins seule dans sa grossesse. Elle partage ainsi son expérience avec le père.

Jadis, dans la Rome antique, on entourait les mères enceintes de commères (littéralement *commater* :

qui accompagne la mère). Après tout, la personne la plus à même d'accompagner la mère dans son attente reste quand même le père.

Système probabiliste

Une méthode infaillible pour gagner aux dés. Défiez votre adversaire au lancer de deux dés. Et pariez que vous obtiendrez une somme de 7 points. Ce chiffre est en effet celui qui a le plus de probabilités d'apparaître. Précisions : pour les nombres additionnels 2 et 12, il n'y a qu'une formule : 1 + 1 et 6 + 6. Pour les nombres 3 ou 11, il existe deux combinaisons possibles, pour les nombres 4 ou 10, il y a trois combinaisons, quatre combinaisons pour 5 ou 9, cinq combinaisons pour 6 ou 8 et six combinaisons pour que le total soit de 7 points. Donc il y a six fois plus de chances de tomber sur 7 points que sur 2.

Tolérance

Chaque fois que les humains élargissent leur concept de « congénères » pour y inclure des catégories nouvelles, c'est qu'ils considèrent que des êtres estimés jusque-là inférieurs sont en fait suffisamment semblables à eux pour être dignes de leur compassion. Dès lors ce ne sont pas seulement ces êtres qui passent ainsi un cap, c'est l'humanité tout entière qui franchit un niveau d'évolution.

Aimer *Toi* *Bonheur*

Question de langue

La langue que nous utilisons influe sur notre manière de penser. Par exemple, le français, en multipliant les synonymes et les mots à double sens, autorise des nuances très utiles en matière de diplomatie. Le japonais, où l'intonation d'un mot en détermine le sens, exige une attention permanente quant aux émotions de ceux qui s'expriment. Qu'il y ait, de surcroît, dans la langue nippone plusieurs niveaux de politesse contraint les interlocuteurs à situer d'emblée leur place dans la hiérarchie sociale.

Une langue contient non seulement une forme d'éducation, de culture, mais aussi des éléments constitutifs d'une société : gestion des émotions, code de politesse. Dans une langue, la quantité de synonymes aux mots « aimer », « toi », « bonheur », « guerre », « ennemi », « devoir », « nature » est révélatrice des valeurs d'une nation.

Aussi faut-il savoir qu'on ne pourra pas faire de révolution sans commencer par changer la langue et le vocabulaire anciens. Car ce sont eux qui préparent ou ne préparent pas les esprits à un changement de mentalité.

Ennemi *Nature* *Devoir*

Recette de l'île flottante

Tout d'abord, constituer l'« océan » où l'île va flotter. Il sera jaune et sucré : de la crème anglaise. Pour cela faire bouillir 1 litre de lait. Casser 6 œufs en séparant les blancs des jaunes. Réserver les blancs. Battre les jaunes avec 60 g de sucre et ajou-

ter le lait chaud. Faire épaissir la crème à feu doux en tournant toujours. Ne pas faire bouillir.
Ensuite ériger l'iceberg blanc, l'« île » proprement dite. Pour cela battre les blancs en neige avec 80 g de sucre en ajoutant une pincée de poudre adragante. Caraméliser un moule avec 60 g de sucre. Y verser les blancs en neige et cuire 20 minutes au bain-marie. Laisser refroidir l'île flottante. Verser la crème anglaise dans un plat creux, puis démouler l'île avant de la déposer sur son « océan ». Servir très frais.

Vanuatu

L'archipel de Vanuatu a été découvert au début du XVIIe siècle par les Portugais dans l'une des zones encore inexplorées du Pacifique. Sa population est constituée de quelques dizaines de milliers d'individus, régis par des codes particuliers.
Il n'existe pas, par exemple, de concept de majorité imposant son choix à une minorité. Si les habitants ne sont pas d'accord, ils discuteront entre eux jusqu'à parvenir à l'unanimité. Évidemment, chaque discussion prend du temps. Certains s'entêtent et refusent de se laisser convaincre. C'est pourquoi la population de Vanuatu passe un tiers de ses journées en palabres afin de se persuader du bien-fondé de ses opinions. Lorsqu'un débat concerne un territoire, la discussion peut durer des années, voire des siècles, avant de déboucher sur un consensus. Entre-temps, l'enjeu restera en suspens.
En revanche lorsque enfin, au bout de deux ou trois cents ans, tout le monde se met d'accord, le pro-

blème est véritablement résolu et il n'existera pas de rancœur car il n'y aura pas de vaincus.
La civilisation de Vanuatu est d'ordre clanique, chaque clan appartenant à un corps de métier différent. Il y a le clan spécialisé dans la pêche, le clan spécialisé dans l'agriculture, la poterie, etc. Les clans procèdent entre eux à des échanges. Les pêcheurs offriront, par exemple, un accès à la mer en échange de l'accès à une source en forêt.
Les clans étant spécialisés, lorsque naît dans un clan d'agriculteurs un enfant montrant des dons innés pour la poterie, il quittera les siens pour être adopté par une famille de potiers qui l'aidera à exprimer son talent. Il en ira de même pour un enfant de potiers attiré par le métier de la pêche.
Les premiers explorateurs occidentaux ont été choqués en découvrant ces pratiques car ils s'imaginaient de prime abord que les habitants de Vanuatu se volaient leurs enfants les uns les autres. Or il n'y a pas là rapt, mais échange en vue de l'épanouissement optimal de chaque individu.
En cas de conflit privé, les habitants de Vanuatu usent d'un système complexe d'alliances. Si un homme du clan A a violé une fille du clan B, ces deux clans n'entreront pas directement en guerre. Ils feront appel à leur « représentant en guerre », c'est-à-dire à un clan extérieur auquel ils sont liés par serment. Le clan A aura ainsi recours au clan C et le clan B au clan D. Ce système d'intermédiaires jette dans la bataille des gens peu motivés pour s'étriper puisqu'ils ne sont pas directement concernés par les griefs des uns et des autres. Au premier sang versé, chacun préfère renoncer en considérant avoir rempli son devoir envers son allié. A Vanuatu, il n'y a ainsi que des guerres sans haine et sans acharnement par vaine fierté.

Transgresseur

La société a besoin de transgresseurs. Elle établit des lois afin qu'elles soient dépassées. Si tout un chacun respecte les règles en vigueur et se plie aux normes : scolarité normale, travail normal, citoyenneté normale, consommation normale, c'est toute la société qui se retrouve « normale » et qui stagne. Sitôt décelés, les transgresseurs sont dénoncés et exclus, mais plus la société évolue et plus elle se doit de générer discrètement le venin qui la contraindra à développer ses anticorps. Elle apprendra ainsi à sauter de plus en plus haut les obstacles qui se présenteront. Bien que nécessaires, les transgresseurs sont pourtant sacrifiés. Ils sont régulièrement attaqués, conspués pour que, plus tard, d'autres individus « intermédiaires par rapport aux normaux » et qu'on pourrait qualifier de « pseudo-transgresseurs » puissent reproduire les mêmes transgressions, mais cette fois adoucies, digérées, codifiées, désamorcées. Ce sont eux qui alors récolteront les fruits de l'invention de la transgression.
Mais ne nous trompons pas. Même si ce sont les « pseudo-transgresseurs » qui deviendront célèbres, ils n'auront eu pour seul talent que d'avoir su repérer les premiers véritables transgresseurs. Ces derniers, quant à eux, seront oubliés et mourront convaincus d'avoir été précurseurs et incompris.

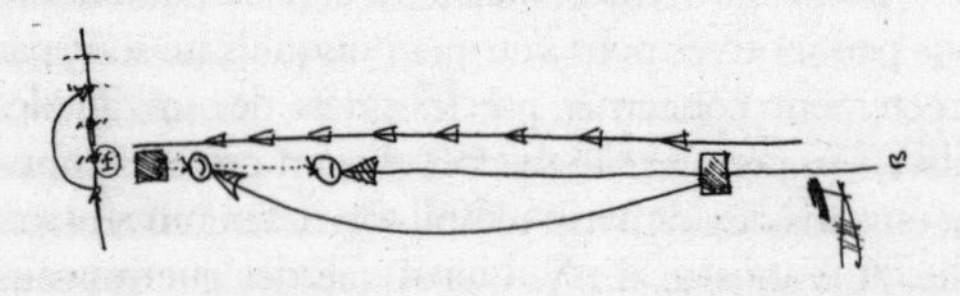

La conjuration des imbéciles

En 1969, John Kennedy Toole écrit un roman, *La Conjuration des imbéciles*. Le titre s'inspire d'une phrase de Jonathan Swift : « Quand un génie véritable apparaît en ce bas monde, on peut le reconnaître à ce signe que les imbéciles sont tous ligués contre lui. »

Swift ne croyait pas si bien dire.

Après avoir vainement cherché un éditeur, à trente-deux ans, écœuré et las, Toole choisit de se suicider. Sa mère découvre le corps de son fils, son manuscrit à ses pieds. Elle le lit, et estime injuste que son fils ne soit pas reconnu. Elle se rend chez un éditeur et assiège son bureau. Elle en bloque l'entrée de son corps obèse, mangeant sandwich sur sandwich et obligeant l'éditeur à l'enjamber péniblement chaque fois qu'il gagne ou quitte son lieu de travail. Il est convaincu que ce manège ne durera pas longtemps mais Mme Toole tient bon. Face à tant d'opiniâtreté, l'éditeur cède et consent à lire le manuscrit tout en avertissant que, s'il le juge mauvais, il ne le publiera pas.

Il le lit. Trouve le texte excellent. Le publie. Et *La Conjuration des imbéciles* remporte le prix Pulitzer.

L'histoire ne s'arrête pas là. Un an plus tard, l'éditeur publie un nouveau roman signé John Kennedy Toole, *La Bible de néon*, d'où sera d'ailleurs tiré un film. Un troisième roman paraît encore l'année suivante.

Quand un génie véritable apparaît en ce bas monde, on peut le reconnaître à ce signe que les imbéciles sont, toujours ligués contre lui.

Je me suis demandé comment un homme mort de contrariété parce qu'il ne parvenait pas à faire publier son unique roman pouvait continuer à produire par-delà la tombe. En fait, l'éditeur se reprochait tellement de ne pas avoir découvert John Kennedy Toole de son vivant qu'il avait fait main basse sur les tiroirs de son bureau et publiait tout ce qu'il y trouvait, nouvelles et même rédactions scolaires.

Trois réactions

Dans son ouvrage *Éloge de la fuite*, le biologiste Henri Laborit rapporte que, confronté à une épreuve, l'homme ne dispose que de trois choix : 1. combattre ; 2. ne rien faire ; 3. fuir.

Combattre : c'est l'attitude la plus naturelle et la plus saine. Le corps ne subit pas de dommages psychosomatiques. Le coup reçu est transformé en coup rendu. Mais cette attitude présente quelques inconvénients. On entre dans une spirale d'agressions à répétition. On finit toujours par rencontrer quelqu'un de plus fort qui vous met K-O.

Ne rien faire : c'est ravaler sa rancœur et agir comme si l'on n'avait pas perçu l'agression. C'est l'attitude la mieux admise et la plus répandue dans les sociétés modernes. Ce qu'on appelle l'« inhibition de l'action ». On a envie de casser la figure à l'adversaire, mais étant donné qu'on a conscience du risque de se donner en spectacle, de prendre des coups en retour et de rentrer dans une spirale d'agression, on ravale sa rage. Dès lors, ce coup de poing qu'on n'inflige pas à l'adversaire, on se l'assène à soi-même. Dans ce type

de situation fleurissent les maladies psychosomatiques : ulcères, psoriasis, névralgies, rhumatismes...
La troisième voie est *la fuite*. Il en existe de plusieurs sortes :
La fuite chimique : alcool, drogue, tabac, antidépresseurs, tranquillisants, somnifères. Elle permet d'effacer ou tout au moins d'atténuer l'agression subie. On oublie. On délire. On dort. Donc ça passe. Mais ce type de fuite dilue aussi le réel et, peu à peu, l'individu ne supporte plus le monde normal.
La fuite géographique : elle consiste à se déplacer sans cesse. On change de travail, d'amis, d'amants, de lieux de vie. Ainsi on fait voyager ses problèmes. On ne les résout pas pour autant, mais on leur fait changer de décor, ce qui est déjà en soi plus rafraîchissant.
La fuite artistique, enfin : elle consiste à transformer sa rage, sa colère, sa douleur en œuvres d'art, films, musiques, romans, sculptures, tableaux... Tout ce qu'on ne s'autorise pas à clamer, on le fait dire à son héros imaginaire. Cela peut ensuite produire un effet de catharsis. Ceux qui verront les héros venger leurs propres affronts bénéficieront aussi de l'effet.

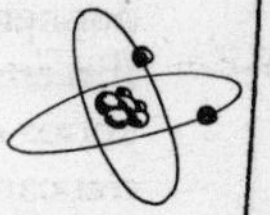

Niveau d'organisation

L'atome a un niveau d'organisation.
La molécule a un niveau d'organisation.
La cellule a un niveau d'organisation.
L'animal a un niveau d'organisation. Et au-dessus de lui la planète. Le système solaire. La galaxie. Toutes ces structures ne sont pas indépendantes les unes des

autres. Tous les niveaux d'organisation interagissent sur d'autres niveaux d'organisation. L'atome agit sur la molécule. La molécule sur l'hormone. L'hormone sur le comportement de l'animal. L'animal sur la planète.
C'est parce que la cellule a besoin de sucre qu'elle va demander à l'animal de chasser pour avoir de la nourriture. C'est à force de chasser pour avoir de la nourriture que l'homme a eu envie d'étendre son territoire et qu'il a fini par envoyer des fusées en dehors de la planète. En retour, c'est parce que l'astronaute va connaître une panne qu'il se déclenchera un ulcère à l'estomac et, parce qu'il y a ulcère à l'estomac, certains des atomes qui forment sa paroi stomacale verront leurs électrons se détacher du noyau pour donner des radicaux libres ; donc, les champs électriques microscopiques au niveau de l'estomac se modifieront. Zoom arrière, zoom avant de l'atome à l'espace.
Vue sous cet angle, la mort d'un animal ne signifie scientifiquement rien. Ce n'est que de l'énergie qui se transforme. L'énergie qui faisait que l'animal courait, jouait, se reproduisait fera que, sous forme de compost mélangé à la terre, un arbre poussera et donnera des fruits.
Il n'est que deux choix : le choix spiritualiste et le choix scientifique. Pour les spiritualistes, l'âme se réincarne dans plusieurs corps. Pour les scientifiques, c'est l'énergie qui se recycle sous plusieurs formes de matière. Un point commun aux deux options : nous sommes tous de l'énergie issue du big bang et en recyclage permanent.

Longs nez au Japon

Au XVIe siècle, les premiers Européens à débarquer au Japon furent des explorateurs portugais. Ils abordèrent une île de la côte ouest où le gouverneur japonais local les accueillit fort civilement. Il se montra très intéressé par les technologies nouvelles qu'apportaient ces « longs nez ». Les arquebuses lui plurent tout particulièrement et il en troqua une contre de la soie et du riz.

Le gouverneur ordonna ensuite au forgeron du palais de copier l'arme merveilleuse qu'il venait d'acquérir, mais l'ouvrier s'avéra incapable de fermer le culot de l'arme. Chaque fois, l'arquebuse de marque japonaise explosait au visage de son utilisateur. Aussi, lorsque les Portugais revinrent accoster chez lui, le gouverneur demanda au forgeron du bateau portugais d'apprendre au sien comment souder la culasse de manière à ce qu'elle n'explose pas lors de la détonation.

Les Japonais réussirent de la sorte à fabriquer des armes à feu en grande quantité et toutes les règles de la guerre s'en trouvèrent bouleversées dans leur pays. Jusque-là, en effet, seuls les samouraïs se battaient, au sabre. Le shogun Oda Nobugana créa, lui, un corps d'arquebusiers auquel il enseigna comment tirer en rafales pour arrêter une cavalerie adverse.

A cet apport matériel, les Portugais joignirent un second présent, spirituel celui-là : le christianisme. Le pape venait de partager le monde entre le Portugal et l'Espagne. Le Japon avait été dévolu au premier. Les Portugais dépêchèrent donc des jésuites qui furent d'abord fort bien reçus. Les Japonais avaient déjà intégré plusieurs religions et, pour eux, le christianisme n'en était qu'une de plus.

L'intolérance des préceptes chrétiens finit cependant par les agacer. Qu'est-ce que c'était que cette religion catholique qui prétendait que toutes les autres confessions étaient erronées, qui assurait que leurs ancêtres, auxquels ils vouaient un culte sans faille, étaient en train de rôtir en enfer sous prétexte qu'ils n'avaient pas connu le baptême ?
Tant de sectarisme choqua les populations nippones. Elles torturèrent et massacrèrent la plupart des jésuites. Puis, lors de la révolte de Shimabara, ce fut au tour des Japonais déjà convertis au christianisme d'être exterminés. Dès lors les Nippons se coupèrent de toute intrusion occidentale. Seuls furent tolérés des commerçants hollandais, isolés sur une île au large de la côte. Et longtemps, ces négociants furent privés du droit de fouler du pied l'archipel même.

Joie

« Le devoir de tout homme est de cultiver sa joie intérieure. » Mais beaucoup de religions ont oublié ce précepte. La plupart des temples sont sombres et froids. Les musiques liturgiques sont pompeuses et tristes. Les prêtres s'habillent de noir. Les rites célèbrent les supplices des martyrs et rivalisent en représentations de scènes de cruauté. Comme si les tortures subies par leurs prophètes étaient autant de signes d'authenticité.
La joie de vivre n'est-elle pas la meilleure manière de remercier Dieu d'exister, s'il existe ? Et si Dieu existe, pourquoi serait-il un être maussade ?
Seules exceptions notables : le *Tao-tö-king*, sorte de livre philosophico-religieux qui propose de se

moquer de tout y compris de lui-même, et les *gospels*, ces hymnes que scandent joyeusement les Noirs d'Amérique du Nord aux messes et aux enterrements.

Chapeau haut de forme

« C'est l'histoire d'un type qui va chez son médecin. Il porte un chapeau haut de forme. Il s'assied et ôte son chapeau. Le médecin aperçoit alors une grenouille posée sur un crâne chauve. Il s'approche et constate que la grenouille est comme soudée à la peau.
– Et vous avez ça depuis longtemps ? s'étonne le praticien.
C'est alors la grenouille qui répond :
– Oh vous savez, docteur, au début, ce n'était qu'une petite verrue sous le pied. »
Cette blague illustre un concept. Parfois on se trompe dans l'analyse d'un événement parce qu'on est resté figé dans le seul point de vue qui nous semble évident.

En sortir

Énigme : Comment relier ces neufs points avec quatre traits sans lever le stylo ?

•   •   •

•   •   •

•   •   •

On est souvent retenu de trouver la solution parce que notre esprit se cantonne au territoire du dessin. Or il n'est nul part indiqué qu'on ne peut pas en sortir.

Solution :

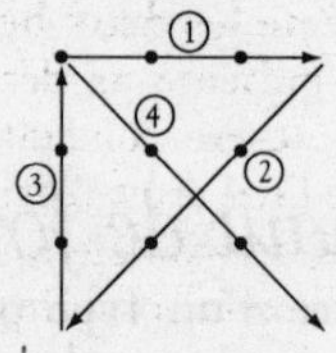

Moralité : Pour comprendre un système, il faut... s'en extraire.

Pour comprendre un système, il faut... s'en extraire

Égalité

Le jean a plus fait pour l'égalité entre les hommes que le communisme. En habillant les gens pareillement, qu'ils soient riches ou pauvres, le jean a habitué les humains à se considérer comme semblables (du moins en ce qui concerne la partie pantalon, c'est déjà un bon début).

Tel est le nouvel ordre du monde, des tas de petites idées anodines qui s'ajoutent les unes aux autres. Les idées originales circulant de moins en moins dans le monde politique, ce sont parfois les initiatives privées qui font avancer les rapports sociaux, même si elles sont à but commercial.

Le cerveau gauche et les délires du droit

Si l'on déconnecte les deux hémisphères cérébraux et si l'on présente un dessin humoristique à l'œil gauche (correspondant à l'hémisphère droit) tandis que l'œil droit (correspondant à l'hémisphère gauche) ne voit rien, le sujet rira. Mais si on lui demande pourquoi il rit, le cerveau gauche n'en sachant rien et ignorant la blague, il inventera une explication à son comportement et dira, par exemple : « Parce que la blouse de l'expérimentateur est blanche et que je trouve cette couleur hilarante. » Le cerveau gauche invente donc une logique dans le comportement parce qu'il ne peut pas admettre d'avoir ri pour rien ou pour quelque chose qu'il ignore. Mieux : après la question, l'ensemble du cerveau sera convaincu que c'est à cause de la blouse blanche qu'il a ri et il oubliera le dessin humoristique présenté au cerveau droit. Durant le sommeil, le gauche laisse le droit tranquille. Celui-ci enchaîne dans son film intérieur : des personnages qui vont changer de visages durant le rêve, des lieux qui sont sens dessus dessous, des phrases délirantes, des coupures soudaines d'intrigues avec d'autres intrigues qui redémarrent, sans queue ni tête. Dès le réveil, cependant, le gauche reprend son règne et décrypte les souvenirs du rêve de manière à ce qu'ils s'intègrent à une histoire cohérente (avec unité de temps, de lieu, d'action) qui, au fur et à mesure que la journée va s'écouler, va devenir un souvenir de rêve très « logique ».
En fait, même en dehors du sommeil, nous sommes en permanence en état de perception d'informa-

tions incompréhensibles interprétées par notre hémisphère gauche. Cette tyrannie de l'hémisphère gauche est cependant un peu difficile à supporter. Certains s'enivrent ou se droguent pour échapper à l'implacable rationalité de leur demi-cerveau. En usant du prétexte de l'intoxication chimique des sens, l'hémisphère droit s'autorise alors à parler plus librement, délivré qu'il est de son interprète permanent.
L'entourage dira du protagoniste : il délire, il a des hallucinations, alors que celui-ci n'aura fait que se soulager d'une emprise.
Sans la moindre aide chimique, il suffirait de s'autoriser à admettre que le monde puisse être incompréhensible pour recevoir en direct les informations « non traitées » du cerveau droit.
Pour reprendre l'exemple cité plus haut, si nous parvenions à tolérer que notre hémisphère droit s'exprime librement, nous connaîtrions la première blague. Celle qui nous a réellement fait rire.

Courage des saumons

Dès leur naissance, les saumons savent qu'ils ont un long périple à accomplir. Ils quittent leur ruisseau natal et descendent jusqu'à l'océan. Arrivés à la mer, ces poissons d'eau douce tempérée modifient leur respiration afin de supporter l'eau froide salée. Ils se gavent de nourriture pour renforcer leurs muscles. Puis comme répondant à un mystérieux appel, les saumons décident de revenir. Ils parcourent l'océan, retrouvent l'embouchure du fleuve qui mène à la rivière où ils sont nés.

Comment se repèrent-ils dans l'océan ? Nul ne le sait. Les saumons sont sans doute dotés d'un odorat très fin leur permettant de détecter dans l'eau de mer le goût d'une molécule issue de leur eau douce natale, à moins qu'ils ne se repèrent dans l'espace à l'aide des champs magnétiques terrestres. Cette seconde hypothèse semble moins probable car on a constaté au Canada que les saumons se trompent de rivière quand l'eau est devenue trop polluée.
Lorsqu'ils croient avoir retrouvé leur cours d'eau d'origine, les saumons entreprennent d'aller le plus loin possible vers la source. L'épreuve est terrible. Pendant plusieurs semaines ils vont lutter contre de violents courants inverses, sauter pour affronter les cascades (un saumon est capable de bondir jusqu'à trois mètres de haut), résister aux attaques des prédateurs : brochets, loutres, ours ou humains pêcheurs. Ce sera l'hécatombe. Parfois des saumons se retrouvent bloqués par des barrages construits après leur départ.
La plupart des saumons mourront en route. Les rescapés qui parviendront enfin dans leur rivière d'origine la transformeront en lac d'amour. Tout épuisés et amaigris, ils s'ébattront pour se reproduire avec les saumones survivantes dans la frayère. Leur dernière énergie leur servira à défendre leurs œufs. Puis, lorsque de ceux-ci sortiront de petits saumons prêts à renouveler l'aventure, les parents se laisseront mourir.
Il arrive que certains saumons conservent suffisamment de forces pour revenir vivants dans l'océan et entamer une seconde fois le grand voyage.

Masochisme

A l'origine du masochisme il y a une crainte d'un événement douloureux à venir. L'humain le redoute parce qu'il ne sait pas quand il surviendra et de quelle intensité il sera. Le masochiste a compris qu'une façon de réduire cette peur était de provoquer lui-même l'événement pénible. Ainsi au moins il saura quand et comment il arrivera. Le problème, c'est qu'en suscitant lui-même l'événement redouté, le masochiste découvre qu'il contrôle enfin sa vie. Il est capable de décider quand, comment, pourquoi et de qui lui arrivent des malheurs. Il est alors envahi d'une volonté de tout contrôler. Il provoque tout ce qui lui fait peur afin de s'assurer qu'il ne sera pas surpris.

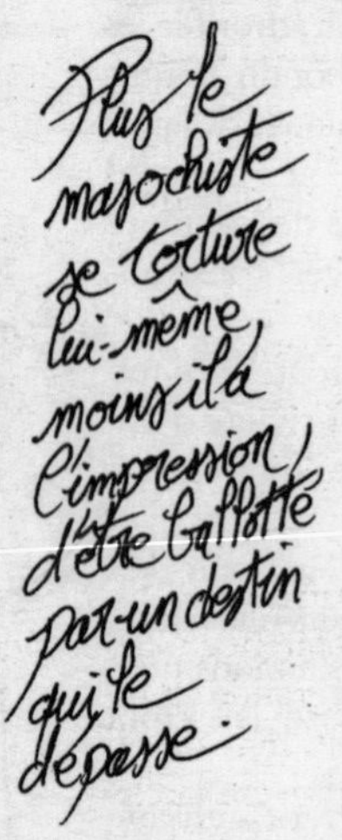

Plus le masochiste se torture lui-même, moins il a l'impression d'être ballotté par un destin qui le dépasse. Et mieux il peut mesurer sa force. Car il sait que les autres ne pourront pas égaler en intensité douloureuse ce qu'il s'inflige lui-même. Il n'a donc plus rien à craindre de la vie. Plus il augmente sa douleur plus le masochiste se pénètre d'une sensation de contrôle total de son futur. Pas étonnant que nombre de dirigeants et de personnes de pouvoir soient coutumiers de ce genre de fantasmes.

Cependant, il y a un prix à payer. A force de lier la notion de souffrance à la notion de maîtrise de sa vie, le masochiste perd la notion de plaisir. Il est amené à devenir anti-hédoniste. C'est-à-dire qu'il ne souhaite plus recevoir de satisfactions, il demeure uniquement en quête de nouvelles épreuves de plus en plus difficiles.

Turing

Destin étrange que celui d'Alan Mathison Turing, né à Londres en 1912. Enfant solitaire à la scolarité médiocre, il est obsédé par les mathématiques qu'il porte à un niveau presque métaphysique. A vingt ans, il esquisse des ébauches de conceptions d'ordinateurs en les représentant le plus souvent comme des êtres humains dont chaque calculateur serait un organe.

Lorsque arrive la Seconde Guerre mondiale, il met au point une calculatrice automatique qui permet aux Alliés de décrypter les messages codés par la machine « Enigma » nazie.

Grâce à son invention, on sait dorénavant où sont prévus les prochains bombardements et des milliers de vies humaines seront ainsi préservées.

Quand John von Neumann met au point aux États-Unis le concept d'ordinateur physique, Turing, lui, élabore le concept d'« intelligence artificielle ». En 1950, il rédige un essai qui fera référence : *Les machines peuvent-elles penser ?* Il a pour grande ambition de doter la machine d'un esprit humain. Il estime qu'en observant le vivant, il trouvera la clef de la parfaite machine à penser.

Turing introduit une notion nouvelle pour l'époque et pour l'informatique, la « sexualité de la pensée ». Il invente des jeux-tests où le but est de distinguer un esprit masculin d'un esprit féminin. Turing

affirme que l'esprit féminin se caractérise par l'absence de stratégie. Sa misogynie ne lui vaut pas que des amis et explique qu'il soit quelque peu tombé dans l'oubli.
Il entretient un fantasme pour l'avenir de l'humanité : la parthénogenèse, c'est-à-dire la reproduction sans la fécondation. En 1951, un tribunal le condamne pour homosexualité. Il doit choisir entre la prison et la castration chimique. Il opte pour la seconde et subit un traitement à base d'hormones féminines. Les injections ont pour effet de le rendre impuissant et de le doter d'un début de poitrine.
Le 7 juin 1954, Turing met fin à ses jours en consommant une pomme macérée dans du cyanure. Cette idée lui aurait été inspirée par le dessin animé *Blanche-Neige*. Il laissa une note expliquant que, puisque la société l'avait contraint à se transformer en femme, il choisissait de mourir comme aurait pu le faire la plus pure d'entre elles.

De l'importance du biographe

L'important n'est pas ce qui a été accompli mais ce qu'en rapporteront les biographes. Un exemple : la découverte de l'Amérique. Elle n'est pas le fait de Christophe Colomb (sinon elle se serait appelée la Colombie), mais d'Amerigo Vespucci.
De son vivant, Christophe Colomb était considéré comme un raté. Il a traversé un océan dans le but d'atteindre un continent qu'il n'a pas trouvé. Il a certes débarqué à Cuba, Saint-Domingue et dans plusieurs autres îles des Caraïbes, mais il n'a pas

pensé à chercher plus au nord. Chaque fois qu'il rentrait en Espagne avec ses perroquets, ses tomates, son maïs et son chocolat, la reine l'interrogeait : « Alors, vous avez trouvé les Indes ? » et il répondait : « Bientôt, bientôt. » Finalement, elle lui a coupé les crédits et il a abouti en prison après avoir été accusé de malversations.
Mais alors, pourquoi connaît-on tout de la vie de Colomb et rien de celle de Vespucci ? Pourquoi n'enseigne-t-on pas dans les écoles : « découverte de l'Amérique par Amerigo Vespucci » ? Tout simplement parce que le second n'a pas de biographe tandis que le premier en a eu un. En effet, le fils de Christophe Colomb s'est dit : « C'est mon père qui a fait l'essentiel du boulot, il mérite d'être reconnu », et il s'est attelé à un livre sur la vie de son père.
Les générations futures se moquent des exploits réels, seul compte le talent du biographe qui les relate. Amerigo Vespucci n'a peut-être pas eu de fils ou alors celui-ci n'a pas jugé bon d'immortaliser les prouesses paternelles.
D'autres événements n'ont survécu que par la volonté d'un seul ou de quelques-uns de les rendre historiques. Qui connaîtrait Socrate sans Platon ? Jésus sans les Apôtres ? Et Jeanne d'Arc, réinventée par Michelet pour donner aux Français la volonté de bouter dehors le Prussien envahisseur ? Henri IV ? Médiatisé par Louis XIV pour se doter d'une légitimité.
Avis aux grands de ce monde : peu importe ce que vous accomplirez, la seule façon de vous inscrire dans l'Histoire, c'est de vous trouver un bon biographe.

Couple

Les gens veulent se mettre très vite en couple alors qu'ils ne savent pas qui ils sont. C'est bien souvent la peur de la solitude qui les y pousse.

Les jeunes qui se marient à vingt-cinq ou trente ans sont comme des chantiers de premiers étages de gratte-ciel ; ils décident de bâtir leurs étages ensemble en estimant qu'ils seront toujours au même diapason et que, lorsque les étages se seront élevés, des ponts se seront bien établis entre eux.

Pour construire un couple, il faut être quatre, chacun ayant trouvé son alter ego en lui-même.

En fait, ils se livrent à un investissement sur l'inconnu. Leurs chances de réussite sont rarissimes. C'est pourquoi on assiste à autant de divorces. A chaque croissance, à chaque évolution de conscience, l'être estime avoir besoin d'un partenaire différent. Pour construire un couple, il faut être quatre, chacun ayant trouvé son alter ego en lui-même. L'homme ayant déjà accepté sa part de féminité, la femme ayant déjà accepté sa part de masculinité. Les deux êtres étant complets cessent de rechercher ce qui leur manque chez l'autre. Ils peuvent s'associer librement sans fantasmer sur une femme idéale ou un homme idéal puisque ils l'ont déjà trouvé en eux.

Trois petites filles

En cours d'informatique, on cite parfois une énigme que peut résoudre un être humain mais pour l'instant aucun ordinateur. La voici. Un homme demande à un autre les âges de ses trois filles. Il répond :

– La multiplication de leurs trois âges donne le nombre 36.

– Je n'arrive pas à en déduire leur âge ! s'exclame le premier.

– L'addition de leurs âges donne le même nombre que celui qui est inscrit sur ce porche, juste en face de nous.

– Je n'arrive toujours pas à répondre, dit le premier.

– L'aînée est blonde.

– Ah oui, évidemment, je comprends leur âge respectif à présent.

Comment a-t-il fait ? Tout simplement en raisonnant comme un humain. Vous voulez tout de suite la réponse ? (Si vous voulez réfléchir d'abord, cachez vite la suite avec un papier.)

La multiplication de leurs âges donnant 36, on a forcément l'une des huit combinaisons suivantes.

36 = 2 × 3 × 6, ce qui lorsqu'on additionne les chiffres donne 11.

36 = 2 × 2 × 9, ce qui lorsqu'on additionne les chiffres donne 13.

36 = 4 × 9 × 1, ce qui lorsqu'on additionne les chiffres donne 14.

36 = 4 × 3 × 3, ce qui lorsqu'on additionne les chiffres donne 10.

36 = 18 × 2 × 1, ce qui lorsqu'on additionne les chiffres donne 21.

36 = 12 × 3 × 1, ce qui lorsqu'on additionne les chiffres donne 16.
36 = 6 × 6 × 1, ce qui lorsqu'on additionne les chiffres donne 13.
36 = 36 × 1 × 1, ce qui lorsqu'on additionne les chiffres donne 38.

On a donc huit solutions possibles et c'est pour cela que l'interlocuteur ne peut répondre d'emblée. Quand l'autre dit que l'addition de leurs âges est similaire au chiffre du porche et que l'interlocuteur répond qu'il ne peut toujours pas savoir, c'est qu'il reste encore plusieurs solutions. Or 2 × 2 × 9 donne 13 en addition et 6 × 6 × 1 également. Le numéro sur le porche est donc 13. Mais il subsiste encore deux possibilités. « L'aînée est blonde » permet enfin de savoir qu'il y a une aînée, donc une personne plus âgée n'ayant pas de jumelle. La seule formule acceptable est donc la première. Solution : les trois enfants ont respectivement 9 ans, 2 ans et 2 ans.

Adamites

En 1420, s'est produite en Bohême la révolte des Hussites. Précurseurs du protestantisme, ils réclamaient la réforme du clergé et le départ des seigneurs allemands. Un groupe plus radical se détacha du mouvement : les Adamites. Eux remettaient en cause non seulement l'Église mais la société tout entière. Ils estimaient que la meilleure manière de se rapprocher de Dieu serait de vivre dans les mêmes conditions qu'Adam, le premier homme de la création. Ils s'installèrent sur une île du fleuve Moldau, non loin de Prague. Ils y vécu-

rent nus, en communauté, mettant tous leurs biens en commun et faisant de leur mieux pour recréer les conditions de vie du Paradis terrestre avant la « faute ».
Toutes les structures sociales étaient bannies. Ils avaient supprimé l'argent, le travail, la noblesse, la bourgeoisie, l'administration, l'armée. Ils s'interdisaient de cultiver la terre et se nourrissaient de fruits et de légumes sauvages. Ils étaient végétariens et pratiquaient le culte direct de Dieu, sans Église et sans clergé intermédiaires.
Ils irritaient évidemment leurs voisins hussites qui ne prisaient guère tant de radicalisme. Certes, on pouvait simplifier le culte de Dieu, mais pas à ce point. Les seigneurs hussites et leurs armées encerclèrent les Adamites sur leur île et massacrèrent jusqu'au dernier ces hippies avant l'heure.

Cycle septennaire (premier carré de 4 × 7)

Une destinée humaine évolue par cycles de sept ans. Chaque cycle s'achève par une crise qui fait passer à l'étape au-dessus.
De 0 à 7 ans : lien fort avec la mère. Appréhension horizontale du monde. Construction des sens. Le parfum de la mère, le lait de la mère, la voix de la mère, la chaleur de la mère, les baisers de la mère sont les références premières. La période se termine généralement par une fêlure du cocon protecteur de l'amour maternel et la découverte plus ou moins frileuse du reste du monde.

De 7 à 14 ans : lien fort avec le père. Appréhension verticale du monde. Construction de la personnalité. Le père devient le nouveau partenaire privilégié, l'allié pour la découverte du monde en dehors du cocon familial. Le père agrandit le cocon familial protecteur. Le père s'impose comme la référence. La mère était aimée, le père devra être admiré.
De 14 à 21 ans : révolte contre la société. Appréhension de la matière. Construction de l'intellect. C'est la crise de l'adolescence. On a envie de changer le monde et de détruire les structures en place. Le jeune s'attaque au cocon familial, puis à la société en général. L'adolescent est séduit par tout ce qui est « rebelle », musique violente, attitude romantique, désir d'indépendance, fugue, lien avec des tribus de jeunes en marge, adhésion aux valeurs anarchistes, dénigrement systématique des valeurs anciennes. La période s'achève par une sortie du cocon familial.
De 21 à 28 ans : adhésion à la société. Stabilisation après la révolte. Ne parvenant pas à détruire le monde, on l'intègre avec au départ la volonté de faire mieux que la génération précédente. Recherche d'un métier plus intéressant que celui des parents. Recherche d'un lieu de vie plus intéressant que celui des parents. Tentative de bâtir un couple plus heureux que celui des parents. On choisit un(e) partenaire et on fonde un foyer. On construit son propre cocon. La période s'achève généralement par un mariage.
L'homme a, dès lors, rempli sa mission et en a terminé avec son premier cocon protecteur.
FIN DU PREMIER CARRÉ DE 4 × 7 ANS

Lâcher prise

C'est quand on ne veut plus quelque chose que cette chose peut arriver.

Cycle septennaire (deuxième carré de 4 × 7)

Le premier carré ayant débouché sur la construction de son cocon, l'humain entre dans la seconde série de cycles septennaires.

28-35 ans : consolidation du foyer. Après le mariage, l'appartement, la voiture, arrivent les enfants. Les biens s'accumulent à l'intérieur du cocon. Mais si les quatre premiers cycles n'ont pas été solidement construits, le foyer s'effondre. Si le rapport à la mère n'a pas été convenablement vécu, elle viendra ennuyer sa belle-fille. Si le rapport au père ne l'a pas été non plus, il s'immiscera et influencera le couple. Si la rébellion envers la société n'a pas été réglée, il y aura risque de conflit au travail. 35 ans, c'est souvent l'âge où le cocon mal mûri éclate. Surviennent alors divorce, licenciement, dépression ou maladies psychosomatiques. Le premier cocon doit dès lors être abandonné et...

35-42 ans : on recommence tout de zéro. La crise passée, reconstruction d'un second cocon, l'humain s'étant enrichi de l'expérience des erreurs du premier. Il faut revoir le rapport à la mère et à la féminité, au père et à la virilité. C'est l'époque où les hommes divorcés découvrent les maîtresses, et les femmes divorcées les amants. Ils tentent d'appré-

hender ce qu'ils attendent au juste non plus du mariage, mais du sexe opposé.
Le rapport à la société doit aussi être revu. On choisit dès lors un métier non plus pour la sécurité qu'il apporte mais pour son intérêt ou pour le temps qu'il laisse de libre. Après la destruction du premier cocon, l'humain est toujours tenté d'en reconstruire au plus vite un second. Nouveau mariage, nouveau métier, nouvelle attitude. Si on s'est débarrassé convenablement des éléments qui le parasitaient, on doit être capable non pas de bâtir un cocon semblable mais un cocon amélioré. Si l'on n'a pas compris les erreurs du passé, on rétablira exactement le même moule pour aboutir aux mêmes échecs. C'est ce qu'on appelle tourner en rond. Dès lors les cycles ne seront plus que des répétitions des mêmes erreurs.
42-49 ans : conquête de la société. Une fois rebâti un second cocon plus sain, l'humain peut connaître la plénitude dans son couple, sa famille, son travail, son épanouissement personnel. Cette victoire débouche sur deux nouveaux comportements :
Soit on devient davantage avide de signes de réussite matérielle : plus d'argent, plus de confort, plus d'enfants, plus de maîtresses ou d'amants, plus de pouvoir, et on n'en finit pas d'agrandir et d'enrichir son nouveau cocon sain. Soit on se lance vers une nouvelle terre de conquête, celle de l'esprit. On entame alors la véritable construction de sa personnalité. En toute logique, cette période doit s'achever sur une crise d'identité, une interrogation existentielle. Pourquoi suis-je là, pourquoi vis-je, que dois-je faire pour donner un sens à ma vie au-delà du confort matériel ?
49-56 ans : révolution spirituelle. Si l'humain a réussi à construire son cocon et à se réaliser dans sa

famille et son travail, il est naturellement tenté de rechercher une forme de sagesse. Dès lors, commence l'ultime aventure, la révolution spirituelle. La quête spirituelle, si elle est menée honnêtement, sans tomber dans les facilités des groupes ou des pensées toutes prêtes, ne sera jamais assouvie. Elle occupera tout le reste de l'existence.

FIN DU DEUXIÈME CARRÉ DE 4 × 7 ANS

N.B. 1 : L'évolution se poursuit ensuite en spirale. Tous les 7 ans, on monte d'un cran en repassant par les mêmes cases : rapport à la mère, rapport au père, rapport à la révolte contre la société, rapport à la construction de sa famille.
N.B. 2 : Par moments, certains humains font exprès d'échouer dans leur rapport à la famille ou au travail afin d'être obligés de recommencer les cycles. Ils retardent ou évitent ainsi l'instant où ils seraient obligés de passer à la phase de spiritualité car ils ont peur d'être placés pour de bon face à eux-mêmes.

Armes

L'amour comme épée.
L'humour comme bouclier.

Stratégie d'Alynski

En 1970, Saul Alynski, agitateur hippie et figure majeure du mouvement étudiant américain, publia un manuel énonçant dix règles pratiques pour mener à bien une révolution.

1. Le pouvoir n'est pas ce que vous possédez mais ce que votre adversaire s'imagine que vous possédez.

Le pouvoir n'est pas ce que vous possédez mais ce que votre adversaire s'imagine que vous possédez.

2. Sortez du champ d'expérience de votre adversaire. Inventez de nouveaux terrains de lutte dont il ignore encore le mode de conduite.

3. Combattez l'ennemi avec ses propres armes. Utilisez pour l'attaquer les éléments de son propre code de référence.

4. Lors d'une confrontation verbale, l'humour constitue l'arme la plus efficace. Si l'on parvient à ridiculiser l'adversaire ou, mieux, à contraindre l'adversaire à se ridiculiser lui-même, il lui devient très difficile de remonter au créneau.

5. Une tactique ne doit jamais devenir une routine, surtout lorsqu'elle fonctionne. Répétez-la à plusieurs reprises pour en mesurer la force et les limites, puis changez-en. Quitte à adopter une tactique exactement inverse.

6. Maintenez l'adversaire sur la défensive. Il ne doit jamais se dire : « Bon, je dispose d'un répit, profitons-en pour nous réorganiser. » On doit utiliser tous les éléments extérieurs possibles pour maintenir la pression.

7. Ne jamais bluffer si on n'a pas les moyens de passer aux actes. Sinon, on perd toute crédibilité.

8. Les handicaps apparents peuvent devenir les meilleurs atouts. Il faut revendiquer chacune de ses spécificités comme une force et non comme une faiblesse.

9. Se focaliser sur la cible et ne pas en changer pendant la bataille. Il faut que cette cible soit la plus petite, la plus précise et la plus représentative possible.

10. Si on obtient la victoire, il faut être capable de l'assumer et d'occuper le terrain. Si l'on n'a rien à proposer de nouveau, il ne sert à rien de renverser le pouvoir en place.

Réalité

« La réalité c'est ce qui continue d'exister lorsqu'on cesse d'y croire », disait Philip K. Dick. Il doit donc exister quelque part une réalité objective qui échappe à tous les préjugés, dogmes, superstitions, grilles de lecture automatique des hommes. C'est cette réalité-là qu'il est amusant de tenter d'approcher.

Couseuse de cul de rat

A la fin du XIXe siècle en Bretagne, les conserveries de sardines étaient infestées de rats. Personne ne savait comment se débarrasser de ces petits animaux. Pas question d'introduire des chats, qui auraient préféré manger des sardines immobiles plutôt que ces rongeurs fuyants.
On eut l'idée de coudre le cul d'un rat vivant avec un gros crin de cheval. Dans l'impossibilité de rejeter normalement la nourriture, le rat, continuant à manger, devenait fou de douleur et de rage. Il se transformait en mini-fauve, véritable terreur pour ses congénères qu'il blessait et faisait fuir.
L'ouvrière qui acceptait d'accomplir cette sale besogne obtenait les faveurs de la direction, une

augmentation de salaire et recevait une promotion au titre de contremaîtresse. Mais pour les autres ouvrières de la sardinerie, la « couseuse de cul de rat » était une traîtresse. Car tant que l'une d'elles accepterait de coudre le cul des rats, cette répugnante pratique se perpétuerait.

Bêtise naturelle

Françoise Giroud déclara un jour : « On pourra considérer les hommes et les femmes égaux en politique le jour où il y aura des femmes ministres incompétentes. » De la même manière : « On pourra considérer les hommes et les ordinateurs égaux en intelligence le jour où surgiront des ordinateurs commettant des bêtises. » On pourrait appeler ces errements de la « bêtise artificielle ». Attention, je ne parle pas des bugs ou des virus. Ce que devraient inventer nos génies de l'informatique, c'est une sorte de maladresse, une insouciance informatique proche de l'insouciance humaine. Ces outils deviendraient un brin plus sympathiques. Plus « humains ». On pourrait mieux les accepter comme partenaires de travail car on penserait alors qu'« ils nous ressemblent ». Ils ne seraient plus seulement froids et efficaces, ils auraient leur propre zone d'incompétence, due non pas à des erreurs « physiques » mais à un « je-m'en-foutisme », voire à « un manque de jugeote ». Bien sûr, il reste à inventer cette bêtise artificielle bien plus complexe à mettre au point que l'intelligence artificielle, étant donné qu'elle est floue et qu'il s'agit d'une notion nouvelle. Mais je ne suis pas mécontent d'ouvrir ici un nouvel horizon à

l'intention de tout le monde informatique. Et qui sait, après on enchaînerait en inventant des névroses, des doutes, des obsessions pour nos chers ordinateurs enfin rendus à plus de convivialité… Et puis surgiraient alors nombre de nouvelles professions : psychothérapeutes d'ordinateurs, rééducateurs, rassureurs de programmes.
Tant que les ordinateurs étaleront la prétention d'être un jour parfaits, nous ne pourrons pas vraiment les aimer.

Truel

M. Blanc, M. Gris et M. Noir se livrent à un truel, c'est-à-dire à un duel à trois au pistolet à un coup.
M. Noir est un tireur d'élite, il touche sa cible régulièrement. M. Gris touche sa cible une fois sur deux. Et M. Blanc, le plus mauvais de tous, atteint sa cible une fois sur trois.
Pour que le truel soit équitable, M. Blanc tire en premier, puis M. Gris, puis M. Noir.
Que doit faire M. Blanc pour optimiser ses chances de survie ? Réponse : tirer en l'air.
Pourquoi ? S'il tire sur M. Gris et qu'il le tue, ensuite ce sera à M. Noir de tirer et comme il s'agit d'un tireur d'élite, M. Blanc a de fortes chances de mourir. S'il le rate, c'est alors à M. Gris de tirer et on en revient plus ou moins à la problématique de départ. S'il tire sur M. Noir, soit il l'abat soit il ne l'abat pas.
Ensuite, c'est à M. Gris de tirer parce qu'il est le suivant et que, dans ce cas de figure, il sera encore

vivant de toute façon. S'il a eu M. Noir, M. Gris lui tirera dessus et il aura une chance sur deux de mourir. S'il n'a pas eu M. Noir, on en revient à la position neutre du début.
Dans les deux situations décrites plus haut, il aura couru la chance de réussir son coup… et ainsi de maximiser le risque d'être tué le coup d'après !
S'il tire en l'air, M. Gris visera M. Noir parce qu'il est le plus dangereux. S'il l'atteint, on en revient à la position de départ, mais avec un concurrent en moins. S'il ne l'a pas, on en revient aussi à la position de départ avec un concurrent en moins (car M. Noir tirera alors sur M. Gris qui est le plus dangereux, et le tuera).
Donc, dans tous les cas de figure, tirer en l'air sauvera la peau de M. Blanc pour un tour et transformera le truel de départ en un duel plus facile à gérer.

De l'importance de porter le deuil

De nos jours, le deuil tend à disparaître. Après un décès, les familles s'empressent de reprendre de plus en plus tôt leurs activités habituelles.
La disparition d'un être cher tend à devenir un événement de moins en moins grave. La couleur noire a perdu ses prérogatives de couleur du deuil par excellence. Les stylistes l'ont mise à la mode en raison de ses vertus amincissantes, donc chics.
Pourtant, marquer la fin des périodes ou des êtres est essentiel à l'équilibre psychologique des individus. Là encore, seules les sociétés dites primitives continuent

à accentuer l'importance du deuil. A Madagascar, lorsque quelqu'un meurt, non seulement tout le village interrompt ses activités pour participer au deuil, mais on procède à deux enterrements. Lors des premières funérailles, le corps est enterré dans la tristesse et le recueillement. Puis, plus tard, est organisée une cérémonie d'enterrement suivie d'une grande fête. C'est la cérémonie du « retournement des corps ».
Ainsi, sa perte est doublement acceptée.
Et il n'y a pas que les décès. Il y a aussi les « événements de fin » : quitter un travail, quitter une compagne, quitter un lieu de vie.
Le deuil constitue dans ces cas une formalité que beaucoup estiment inutile et qui pourtant ne l'est pas. Il importe de marquer les étapes.
Chacun peut inventer ses propres rituels de deuil. Cela peut aller du plus simple : se raser la moustache, changer de coiffure, de style d'habillement, au plus fou : faire une grande fête, s'enivrer à en perdre la tête, sauter en parachute...
Lorsque le deuil est mal accompli, la gêne persiste comme une racine de mauvaise herbe mal arrachée. Peut-être faudrait-il enseigner l'importance du deuil à l'école. Cela épargnerait sans doute à beaucoup, plus tard, des années de tourment.

Mariage de raison

« Vous serez unis pour le meilleur et pour le pire jusqu'à... ce que le manque d'amour vous sépare. » Réaliste.

Malice des dauphins

Le dauphin est le mammifère qui possède le plus gros volume cérébral par rapport à sa taille. Pour un crâne de même grosseur, le cerveau du chimpanzé pèse en moyenne 375 grammes et celui de l'homme 1 450 grammes ; celui du dauphin en pèse 1 700. La vie du dauphin est une énigme.
A l'instar des humains, les dauphins respirent de l'air, les femelles accouchent et allaitent leurs petits. Ils sont mammifères car ils ont vécu jadis sur la terre ferme. Mais oui, jadis les dauphins avaient des pattes et ils marchaient et couraient sur le sol. Ils devaient ressembler aux phoques. Ils ont vécu sur la terre ferme et puis un jour, pour des raisons inconnues, ils en ont eu assez et ils sont retournés dans l'eau. On imagine aisément ce que seraient devenus aujourd'hui les dauphins avec leur gros cerveau de 1 700 grammes s'ils étaient restés à terre : des concurrents. Ou plus probablement des précurseurs. Pourquoi sont-ils retournés dans l'eau ? Le milieu aquatique présente certains avantages que ne possède pas le milieu terrestre. On s'y meut dans trois dimensions alors que sur terre on demeure collé au sol. Dans l'eau, il n'est pas besoin de vêtements, de maison ou de chauffage.
En examinant le squelette du dauphin, on s'aperçoit que ses nageoires antérieures contiennent encore l'ossature de mains aux longs doigts, derniers vestiges de sa vie terrestre. Cependant, ses mains étant transformées en nageoires, le dauphin pouvait certes se mouvoir à grande vitesse dans l'eau mais il ne pouvait plus fabriquer d'outils. C'est peut-être parce que nous étions très mal adaptés à notre milieu que nous avons inventé tout ce délire d'objets qui complètent nos possibilités organiques. Le dauphin

étant parfaitement adapté à son milieu, lui, n'a pas besoin de voiture, de télévision, de fusil ou d'ordinateur. En revanche, il semble que les dauphins ont bel et bien développé un langage qui leur est propre. C'est un système de communication acoustique s'étendant sur un très large spectre sonore. La parole humaine s'étend de la fréquence 100 à 5 000 hertz. La parole « dauphine » couvre la plage de 7 000 à 170 000 hertz, ce qui autorise évidemment beaucoup de nuances !
Selon le docteur John Lilly, directeur du laboratoire de recherche sur la communication de Nazareth Bay, les dauphins sont depuis longtemps désireux de communiquer avec nous. Ils s'approchent spontanément des gens et des bateaux. Ils sautent, bougent, sifflent comme s'ils voulaient nous faire comprendre quelque chose. « Ils semblent même parfois agacés lorsque leur interlocuteur ne les comprend pas », assure ce chercheur.

L'ouverture par les lieux

Le système social actuel est défaillant : il ne permet pas aux jeunes talents d'émerger ou bien il ne les autorise à émerger qu'après les avoir fait passer par toutes sortes de tamis qui, au fur et à mesure, leur enlèvent toute saveur. Il faudrait mettre sur pied un réseau de « lieux ouverts » où chacun pourrait sans diplômes et sans recommandations particulières présenter librement ses œuvres au public.
Seuls impératifs : s'inscrire au moins une heure avant le début du spectacle (pas la peine de pré-

senter ses papiers, il suffirait d'indiquer son prénom) et ne pas dépasser six minutes.

Avec un tel système, le public risque de subir quelques désagréments, mais les mauvais numéros seraient hués et les bons seraient retenus. Pour que ce type de théâtre soit viable économiquement, les spectateurs y achèteraient leur place au prix normal. Ils y consentiraient volontiers car, en deux heures, ils auraient droit à un spectacle d'une grande diversité. Pour soutenir l'intérêt et éviter que les deux heures ne soient le cas échéant qu'un défilé de débutants malhabiles, des professionnels confirmés viendraient à intervalles réguliers soutenir les postulants. Ils se serviraient de ce théâtre ouvert comme d'un tremplin, quitte à annoncer : « Si vous voulez voir la suite de la pièce, venez tel jour et en tel lieu. »

Ce type de lieu ouvert pourrait ensuite se décliner ainsi :

Tous disposeraient alors des mêmes chances et ne seraient jugés que par les critères suivants : la qualité et l'originalité de leur travail.

– cinéma ouvert : avec des courts métrages de dix minutes proposés par des cinéastes en herbe,

– salle de concerts ouverte : pour apprentis chanteurs et musiciens,

– galerie ouverte : avec la libre disposition de deux mètres carrés chacun pour sculpteurs et peintres encore inconnus.

Ce système de libre présentation s'étendrait aux architectes, aux écrivains, aux publicistes… Il court-circuiterait les lourdeurs administratives. Les professionnels disposeraient ainsi de lieux où recruter de nouveaux talents, sans passer par les agences traditionnelles qui font perpétuellement office de sas. Enfants, jeunes, vieux, beaux, laids, riches, pauvres, nationaux ou étrangers, tous disposeraient alors des mêmes chances et ne seraient jugés que par les critères suivants : la qualité et l'originalité de leur travail.

Papillon

A l'issue de la Seconde Guerre mondiale, le Dr Elizabeth Kubbler Ross fut appelée à soigner des enfants juifs rescapés des camps de concentration nazis. Quand elle pénétra dans le baraquement où ils gisaient encore, elle remarqua que sur le bois des lits était gravé un dessin récurrent qu'elle retrouva par la suite dans d'autres camps où avaient souffert ces enfants. Ce dessin ne présentait qu'un seul motif simple : un papillon.

La doctoresse pensa d'abord à une sorte de fraternité qui se serait manifestée ainsi entre enfants battus et affamés. Elle crut qu'ils avaient trouvé avec le papillon leur façon d'exprimer leur appartenance à un groupe comme autrefois les premiers chrétiens avec le symbole du poisson.

Elle demanda à plusieurs enfants ce que signifiaient ces papillons et ils refusèrent de lui répondre. Un gamin de sept ans finit pourtant par lui en révéler le sens : « Ces papillons sont comme nous. Nous savons tous au fond de nous que ce corps qui souffre n'est qu'un corps intermédiaire. Nous sommes des chenilles et un jour notre âme s'envolera hors de toute cette saleté et cette douleur. En le dessinant nous nous le rappelons mutuellement. Nous sommes des papillons. Et nous nous envolerons bientôt. »

École du sommeil

Nous passons en moyenne vingt-cinq années de notre existence à dormir ; pourtant, nous ignorons comment maîtriser la qualité et la quantité de notre sommeil.

Le vrai sommeil profond, celui qui nous permet de récupérer, ne dure qu'une heure par nuit et il est découpé en petites séquences de quinze minutes qui, comme un refrain de chanson, reviennent toutes les une heure et demie. Parfois, certaines personnes dorment dix heures d'affilée sans trouver ce sommeil profond et elles se réveillent au bout de ces dix heures complètement épuisées. Par contre, nous pourrions bien, si nous savions nous précipiter au plus vite dans ce sommeil profond, ne dormir qu'une heure par jour en profitant de ces soixante minutes de régénération complète. Comment s'y prendre de façon pratique ?

Il faut parvenir à reconnaître ses propres cycles de sommeil. Pour ce faire, il suffit, par exemple, de noter à la minute près ce petit coup de fatigue qui survient en général vers dix-huit heures, en sachant qu'il reviendra ensuite toutes les heures et demie. Ce seront les moments précis où passera le train du sommeil profond. Si on se couche pile à cet instant et si on s'oblige à se réveiller trois heures plus tard (à l'aide éventuellement d'un réveil), on peut progressivement apprendre à notre cerveau à comprimer la phase de sommeil pour ne conserver que sa partie importante. Ainsi on récupère parfaitement en très peu de temps et on se lève en pleine forme. Un jour sans doute, on enseignera aux enfants dans les écoles comment contrôler leur sommeil.

La mort du roi des rats

Certaines espèces de *ratus norvegicus* pratiquent ce que les naturalistes appellent « l'élection du roi des rats ». Une journée durant, tous leurs jeunes mâles se battent en duel avec leurs incisives tranchantes. Les plus faibles sont évincés jusqu'à ce qu'il ne reste plus pour la finale que deux rats, les plus habiles et les plus combatifs du lot. Le vainqueur est choisi pour roi. S'il l'a emporté, c'est qu'il est à l'évidence le meilleur rat de la tribu. Tous les autres se présentent devant lui, oreilles en arrière, tête baissée ou montrant leur postérieur en signe d'obéissance.

Le roi leur mordille la truffe pour dire qu'il est le maître et qu'il accepte leur soumission. La meute lui offre les meilleures nourritures en sa possession, lui présente ses femelles les plus odorantes, lui réserve la niche la plus profonde où il fêtera sa victoire. Mais à peine s'est-il assoupi, épuisé de plaisirs, qu'il se produit un phénomène étrange. Deux ou trois de ces jeunes mâles, qui avaient pourtant fait acte d'allégeance, viennent l'égorger et l'étriper. Délicatement, ensuite, de leurs pattes et de leurs griffes, ils lui ouvrent le crâne comme une noix à coups de dent. Ils en extirpent la cervelle et en distribuent une parcelle à tous les membres de la tribu. Sans doute croient-ils qu'ainsi, par ingurgitation, tous bénéficieront d'un peu des qualités de l'animal supérieur qu'ils s'étaient donné pour roi.

Méfiez-vous alors si on vous offre un trône, c'est peut-être celui du roi des rats.

De même chez les humains, on se plaît à se désigner des rois pour prendre ensuite encore plus de plaisir à les réduire en pièces. Méfiez-vous alors si on vous offre un trône, c'est peut-être celui du roi des rats.

Interprétation de la religion dans le Yucatán

Au Mexique, dans un village indien du Yucatán nommé Chicumac, les habitants ont une étrange manière de pratiquer leur religion. Ils ont été convertis de force au catholicisme par les Espagnols au XVIe siècle. Les missionnaires des premiers temps ne furent pas remplacés lorsqu'ils moururent car cette région est coupée du reste du monde.

Pendant près de trois siècles, les habitants de Chicumac ont pourtant maintenu la liturgie catholique, mais, ne sachant ni lire ni écrire, ils ont transmis les prières et le rituel par le biais de la tradition orale. Après la révolution, lorsque le pouvoir mexicain s'est stabilisé, le gouvernement a décidé de répandre des préfets partout pour créer une administration qui contrôle vraiment le pays. L'un d'entre eux a donc été dépêché en 1925 à Chicumac. Il a assisté à la messe et s'est aperçu que, par la grâce de leur tradition orale, les habitants étaient parvenus à retenir presque parfaitement les chants latins. Pourtant, le temps avait entraîné une petite dérive. Pour remplacer le prêtre et les deux bedeaux, les habitants de Chicumac avaient pris trois singes. Et, cette tradition des singes s'étant perpétuée à travers les âges, ils en étaient arrivés à être les seuls catholiques au monde à vénérer à chaque messe… trois singes.

Comme des vagues

Les femmes fonctionnent par vagues. Leur humeur varie. Quand elle chute, leurs compagnons s'affolent et essaient à toute vitesse de résoudre leurs problèmes pour ralentir leur descente. Ainsi, ils les empêchent de descendre au plus bas et de toucher le fond pour remonter. Ainsi, elles n'en finissent pas d'aller et venir dans les zones en abîmes sans jamais trouver le fond où elles auraient pu prendre appui pour remonter.

En fait quand la femme se plaint, elle n'exige pas que l'homme l'aide à ne pas chuter, elle réclame seulement d'être écoutée. Elle veut un témoin de son expérience : sa descente, son contact avec le fond et sa remontée. Mais l'homme s'affole trop vite. Il veut prouver qu'il est tellement fort qu'il peut stopper ce genre de phénomène. Comme si un homme pouvait arrêter une vague ! Mais en empêchant la chute libre, il empêche aussi la remontée franche. C'est un peu comme ces médicaments qu'on prend dès qu'une fièvre se déclenche. Les médicaments arrêtent la fièvre et empêchent le corps de chauffer suffisamment pour brûler le microbe.

Il ne faut pas avoir peur de ce qui descend et de ce qui chauffe. Si on ne s'en préoccupe pas, le plus souvent, tout naturellement ce qui descend finit par remonter, ce qui chauffe finit par refroidir. Ce qui devrait plutôt nous inquiéter, c'est un corps qui ne connaît pas de fièvre. Et une femme toujours d'humeur égale.

Jeu de cartes

Avec cinquante-deux figures, le jeu de cartes ordinaire est en soi un enseignement, une histoire. Tout d'abord les quatre couleurs signifient les quatre domaines de mutations de la vie. Quatre saisons, quatre émotions, quatre influences de la planète…

Le cœur : le printemps, l'affectif, Vénus.
Le carreau : l'été, les voyages, Mercure.
Le trèfle : l'automne, le travail, Jupiter.
Le pique : l'hiver, les difficultés, Mars.

Les chiffres, les personnages ne sont pas choisis au hasard. Tous signifient une étape de l'existence humaine. C'est pourquoi le jeu de cartes banal a été, au même titre que le tarot, utilisé comme art divinatoire. Par exemple, on prétend que le six de cœur signifie la réception d'un cadeau ; le cinq de carreau, la rupture avec un être cher ; le roi de trèfle, la célébrité ; le valet de pique, la trahison d'un ami ; l'as de cœur, une période de repos ; la dame de trèfle, un coup de chance ; le sept de cœur, un mariage. Tous les jeux, y compris ceux qui paraissent les plus simples, recèlent d'antiques sagesses.

Course de fond

Quand le lévrier et l'homme font la course ensemble, le chien arrive le premier. Le lévrier est doté de la même capacité musculaire par rapport à son poids que l'homme. Logiquement, tous deux devraient donc courir à la même vitesse. Pourtant le lévrier fait toujours la course en tête. La raison en est que, lorsqu'un homme court, il vise la ligne d'arrivée. Il court avec un objectif précis à atteindre dans la tête. Le lévrier, lui, ne court que pour courir. A force de se fixer des objectifs, à force de croire que sa volonté est bonne ou mauvaise, on perd énormément d'énergie. Il ne faut pas penser à l'objectif à atteindre, il faut seulement penser à avancer. On avance et puis on modifie sa trajectoire en fonction des événements qui surgissent. C'est ainsi, avec l'idée d'avancer, qu'on atteint ou qu'on double l'objectif sans même s'en apercevoir.

Question d'échelle

Les choses n'existent que de la façon dont on les perçoit à une certaine échelle. Le mathématicien Benoît Mandelbrot a fait plus qu'inventer les si merveilleuses images fractales, il a démontré que nous ne recevions que des visions parcellaires du monde qui nous entoure. Ainsi, si on mesure un chou-fleur, on obtiendra par exemple un diamètre de trente centimètres. Mais si on entreprend d'en suivre chaque circonvolution, la mesure sera multipliée par dix.

Même une table lisse, examinée au microscope, se révélera une suite de montagnes qui, si on suit leurs dénivellations, en multiplieront la taille jusqu'à l'infini. Tout dépendra de l'échelle choisie pour examiner cette table. Benoît Mandelbrot nous

L'attitude la plus juste chez un honnête homme consiste à accepter en tout savoir une part énorme d'inexactitude.

permet d'affirmer qu'il n'est pas dans l'absolu une seule information scientifique certaine, que l'attitude la plus juste chez un honnête homme consiste à accepter en tout savoir une part énorme d'inexactitude, laquelle sera réduite par la génération suivante mais jamais complètement éliminée.

Mouvement gnostique

Dieu a-t-il un dieu ? Les premiers chrétiens de l'Antiquité romaine ont eu à lutter contre un mouvement hérétique qui en était convaincu, le gnosticisme. En effet, au IIe siècle après J.-C., un certain Marcion affirma que le Dieu qu'on priait n'était pas le Dieu suprême mais qu'il y en avait un autre, supérieur encore, auquel il était lui-même tenu de rendre des comptes.
Pour certains gnostiques, les dieux s'emboîtaient les uns dans les autres comme des poupées russes, les dieux des mondes les plus grands enrobant les dieux des mondes plus petits.
Cette croyance, appelée aussi « bithéisme », fut notamment combattue par Origène. Simples chrétiens et chrétiens gnostiques se déchirèrent longtemps pour déterminer si Dieu avait lui-même un dieu. Les gnostiques furent finalement massacrés et les rares qui subsistent pratiquent leur culte dans la discrétion la plus totale.

Empathie

L'empathie est la faculté de ressentir ce que ressentent les autres, de percevoir et partager leurs joies ou leurs douleurs. En grec, *pathos* signifie « souffrance ». Les plantes elles-mêmes perçoivent la douleur. Si on pose les électrodes d'un galvanomètre, machine à mesurer la résistance électrique, sur l'écorce d'un arbre et que quelqu'un appuyé contre le tronc s'entaille le doigt avec un couteau, on constate un mouvement de l'aiguille du galvanomètre. L'arbre perçoit donc la destruction des cellules lors d'une blessure humaine ! Cela signifie que lorsqu'un humain est assassiné dans une forêt, tous les arbres le perçoivent et en sont affectés.
D'après l'écrivain américain Philip K. Dick, auteur de *Blade Runner*, si un robot est capable de percevoir la douleur d'un homme et d'en souffrir, il mérite alors d'être qualifié d'humain. A contrario, si un humain n'est pas capable de percevoir la douleur d'un autre, il serait justifié de lui retirer sa qualité d'homme. On pourrait imaginer à partir de là une nouvelle sanction pénale : la privation du titre d'être humain. Seraient ainsi châtiés les tortionnaires, les assassins et les terroristes, tous ceux qui infligent la douleur à autrui sans en être affectés.

Zéro

0×5=0

Bien qu'on retrouve des traces du zéro dans les calculs chinois du IIe siècle après J.-C. (noté par un point) et chez les Mayas bien avant encore (noté par une spirale), notre zéro est originaire de

l'Inde. Au VIIe siècle, les Perses l'ont copié chez les Indiens. Quelques siècles plus tard, les Arabes l'ont copié chez les Perses et lui ont donné le nom que nous lui connaissons. Ce n'est pourtant qu'au XIIIe siècle que le concept de zéro arrive en Europe par l'entremise de Leonardo Fibonacci (probablement une abréviation de Filio di Bonacci), dit Léonard de Pise, qui était contrairement à ce que son surnom indique un commerçant vénitien.
Lorsque Fibonacci essaya d'expliquer à ses contemporains l'intérêt du zéro, l'Église jugea que cette innovation bouleversait trop de choses. Certains inquisiteurs estimèrent ce zéro diabolique. Il faut dire que s'il ajoutait de la puissance à certains chiffres, il ramenait à la nullité tous ceux qui tentaient de se faire multiplier par lui. On disait que zéro est le grand annihilateur car il transforme tout ce qui l'approche en zéro. En revanche, 1 était nommé le grand respectueux car il laisse intact ce qui est multiplié par lui. 0 que multiplie 5 c'est zéro. 1 que multiplie 5 c'est 5. Finalement, les choses se sont quand même arrangées. L'Église avait trop besoin de bons comptables pour ne pas saisir l'intérêt tout matérialiste d'utiliser le zéro.

Nos alliés les bêtes

L'histoire a connu de nombreux cas de collaboration militaire entre humains et animaux sans que les premiers aient jamais pris la peine de demander l'avis des seconds. Durant la Seconde Guerre mondiale, les Soviétiques dressèrent ainsi des chiens antichars. Harnachés d'une mine, les canidés avaient pour mission de se glisser sous le

char ennemi et de le faire exploser. Le système ne fonctionna pas très bien car les chiens avaient tendance à revenir trop tôt auprès de leurs maîtres.
En 1943, le docteur Louis Feiser imagina de lancer à l'assaut des navires japonais des chauves-souris équipées de bombes incendiaires miniaturisées. Elles auraient été la réponse des Alliés aux kamikazes nippons. Mais après Hiroshima, ces armes devinrent obsolètes. En 1944, les Britanniques conçurent de même le projet de se servir de chats pour piloter de petits avions bourrés d'explosifs. Ils pensaient que les félins, craignant l'eau, feraient tout pour orienter leur engin vers un porte-avions. Il n'en fut rien. Pendant la guerre du Viêt-nam, les Américains essayèrent de se servir de pigeons et de vautours pour expédier des bombes sur le Viêt-cong. Échec encore.
Lorsque les hommes ne cherchent pas à utiliser les animaux comme soldats, ils tentent de s'en servir comme espions. Ainsi durant la guerre froide, la CIA se livra à des expériences destinées à marquer les suspects en filature avec l'hormone de cafard femelle, le péripalone B. Cette substance est si excitante pour un cafard mâle qu'il arrive à la détecter et à la rejoindre à plusieurs kilomètres de distance.

Influence des autres

En 1961, le professeur américain Asch rassembla sept personnes dans une pièce. On leur annonça qu'elles seraient soumises à une expérience sur les perceptions. En réalité, sur les sept individus, un seul était testé. Les six autres étaient des assis-

tants rémunérés pour induire en erreur le véritable sujet de l'expérience.
Au mur étaient dessinées une ligne de vingt-cinq centimètres et une autre de trente centimètres. Les lignes étant parallèles, il était évident que celle de trente était la plus longue. Le professeur Asch posa la question à chacun et les six assistants désignèrent avec un bel ensemble celle de vingt-cinq centimètres comme étant la plus étirée. Lorsqu'on questionnait enfin le véritable sujet de l'expérience, dans 60% des cas lui aussi affirmait que la ligne de vingt-cinq centimètres était la plus longue. S'il optait pour celle de trente centimètres, les six assistants se moquaient de lui à l'unisson et, soumis à une telle pression, 30% finissaient par admettre s'être trompés. L'expérience reproduite sur une centaine d'étudiants et de professeurs (un public donc pas spécialement crédule), il s'avéra que neuf personnes sur dix finissaient par se convaincre que la ligne de vingt-cinq centimètres était plus longue que celle de trente.
Le plus surprenant est que, lorsqu'on leur révélait le sens du test et le rôle des six autres participants, il y en avait encore 10% pour maintenir que la ligne de vingt-cinq centimètres était la plus longue. Quant à ceux qui étaient obligés de reconnaître leur erreur, ils se trouvaient toutes sortes d'excuses : problème de vision ou angle d'observation trompeur.

Procès d'animaux

De tout temps, les animaux ont été considérés dignes d'être jugés par la justice des hommes. En France, dès le Xe siècle, on torture, pend et excommunie sous divers prétextes des chats, des ânes, des chevaux ou des cochons. En 1120, pour les punir des dégâts qu'ils causaient dans les champs, l'évêque de Laon et le grand vicaire de Valence excommunièrent des chenilles et des mulots. Les archives de la justice de Savigny contiennent les minutes du procès d'une truie, responsable de la mort d'un enfant de cinq ans. La truie avait été retrouvée sur les lieux du crime en compagnie de six porcelets aux groins encore couverts de sang. Étaient-ils complices ? La truie fut pendue par les pattes arrière en place publique jusqu'à ce que mort s'ensuive. Quant à ses petits, ils furent placés en garde surveillée chez un paysan. Comme ils ne présentaient pas de comportements agressifs, on les laissa grandir pour les manger « normalement » à l'âge adulte.

En 1474, à Bâle, en Suisse, on assista au procès d'une poule accusée de sorcellerie pour avoir pondu un œuf ne contenant pas de jaune. La poule eut droit à un avocat qui plaida l'acte involontaire. En vain. La poule fut condamnée à être brûlée vive sur un bûcher. Ce ne fut qu'en 1710 qu'un chercheur découvrit que la ponte d'œufs sans jaune était la conséquence d'une maladie. Le procès ne fut pas révisé pour autant.

On assista au procès d'une poule accusée de sorcellerie pour avoir pondu un œuf ne contenant pas de jaune.

En Italie, en 1519, un paysan entama un procès contre une bande de taupes ravageuses. Leur avocat, particulièrement éloquent, parvint à démontrer que ces taupes étaient très jeunes, donc irresponsables et que, de surcroît, elles étaient utiles aux paysans puisqu'elles se nourrissaient des

insectes qui détruisaient leurs récoltes. La sentence de mort fut donc commuée en bannissement à vie du champ du plaideur.
En Angleterre, en 1622, James Potter, accusé d'actes fréquents de sodomie sur ses animaux familiers, fut condamné à la décapitation mais ses juges, considérant ses bêtes comme autant de complices, infligèrent la même peine à une vache, deux truies, deux génisses et trois brebis.
En 1924 enfin, en Pennsylvanie, un labrador mâle du nom de Pep fut condamné à la prison à vie pour avoir tué le chat du gouverneur. Il fut écroué sous matricule dans un pénitencier où il mourut de vieillesse six ans plus tard.

Chantage

Tout ayant été exploité, il n'existe qu'un seul moyen pour créer des richesses dans un pays déjà riche : le chantage. Cela va du commerçant qui ment en affirmant : « C'est le dernier article qui me reste et si vous ne le prenez pas tout de suite, j'ai un autre client qui est intéressé », jusqu'au plus haut niveau, le gouvernement qui décrète : « Sans le pétrole qui pollue, nous n'aurions pas les moyens de chauffer toute la population du pays cet hiver. » C'est alors la peur de manquer ou la peur de rater une affaire qui génère des dépenses artificielles.

Bataille de Culloden

La bataille de Culloden se déroula en l'an de grâce 1746 et opposa l'armée britannique à l'armée écossaise.

Tout commença par une sombre histoire de famille. Le trône d'Angleterre étant resté vaquant, on fit appel à une branche allemande, les Hanovre, pour l'occuper. George Ier prend la place. Charles-Édouard Stuart (petit-fils de Jacques II Stuart), prétendant malheureux, s'enfuit et part en Écosse rassembler une armée pour reconquérir son trône. L'Écosse à l'époque est dirigée par un système de clans. Tout Écossais appartient à l'un d'eux. Chaque clan a un tartan à ses couleurs, sa devise, sa culture propre. Les clans s'unissent autour de Charles-Édouard Stuart et décident de l'aider à conquérir son trône. Se forme alors une immense armée d'Écossais qui descend vers Londres. Le pouvoir en place dans la capitale anglaise dépêche une première escouade pour les arrêter, mais les Écossais, qui chargent valeureusement avec leurs sabres, parviennent à la mettre en pièces. De même, deux autres armées envoyées à la rescousse se feront battre. Et les Écossais parviennent donc à Londres qu'ils s'empressent d'assiéger, tel Hannibal arrivé devant Rome. Tel Hannibal encore, ils s'émerveillent de l'aisance de leur victoire. Et tel Hannibal toujours, ils n'osent pas porter l'estocade finale. Le roi George Ier est pourtant déjà prêt à fuir retrouver sa famille en Allemagne, mais c'est sans compter avec ses… adversaires. En effet, les Écossais ne sont nullement des soldats dans l'âme et ce siège ne les amuse guère. Ils sont avant tout paysans et savent qu'il faut se dépêcher de rentrer les

récoltes sinon le grain pourrira sur pied. Ils décident donc de faire demi-tour pour regagner au plus vite le pays natal.
Dès lors, George Ier reprend espoir. Très vite, il forme une armée de mercenaires équipée de fusils de la dernière génération (se chargeant par la culasse et non plus par le canon, et ne nécessitant pas de bourrage). Cette troupe poursuit l'armée écossaise et lui inflige de lourdes pertes à l'arrière. Agacés, les Écossais décident de la combattre de front. Des éclaireurs affirment que les soldats de l'Angleterre se trouvent dans un petit village. Ils s'y rendent au pas de charge. Mais l'armée anglaise a déjà déguerpi. Les espions étaient des traîtres appartenant à un clan félon, et l'armée écossaise s'épuise à chercher l'ennemi de village en village.

Les espions étaient des traîtres appartenant à un clan félon, et l'armée écossaise s'épuise à chercher l'ennemi de village en village.

Pendant ce temps, le général anglais a choisi son terrain de bataille : Culloden. Il s'agit d'une vaste clairière entourée d'arbres. Le stratège installe des canons sous les arbres et des murets pour protéger ses fusiliers. Puis il attend que le dernier traître indique l'emplacement à l'armée écossaise. Si bien que lorsque, éreintés après trois jours de marche forcée sans sommeil, les Écossais arrivent à Culloden, ils ne voient pas leurs adversaires dissimulés dans la forêt et protégés par les murets de pierre. Dès que toutes les troupes de Charles-Édouard Stuart sont réunies au centre de la clairière, le général anglais donne l'ordre de tir. C'est un véritable massacre. Les Anglais fusillent à bout portant. Les Écossais tentent de se défendre, mais avec leurs vieilles pétoires et leurs sabres, ils ne font pas le poids face aux canons modernes cachés dans les futaies. Tous les Écossais seront abattus alors que les Anglais ne subiront pratiquement aucune perte.

Humour

Le seul cas d'humour animal recensé dans les annales scientifiques a été rapporté par Jim Anderson, primatologue à l'université de Strasbourg. Ce scientifique a consigné le cas de Koko, un gorille initié au langage gestuel des sourds-muets. Un expérimentateur lui demandant un jour de quelle couleur était une serviette blanche, il fit le geste signifiant « rouge ». L'expérimentateur répéta la question en brandissant dûment la serviette devant les yeux du singe, il obtint la même réponse et ne comprit pas pourquoi Koko s'obstinait dans son erreur. L'humain commençant à perdre patience, le gorille s'empara de la serviette et lui montra le petit liseré rouge tissé sur son rebord. Il présenta alors ce que les primatologues appellent la « mimique du jeu », c'est-à-dire un rictus, babines retroussées, dents de devant exhibées, yeux écarquillés. Peut-être s'agissait-il d'humour…

Au début

Au commencement, tout n'était que simplicité. L'univers, c'était du rien avec un peu d'hydrogène : H.

Et puis il y a eu le réveil. L'hydrogène détone. Le big bang. Ses éléments bouillants se métamorphosent en se répandant dans l'espace.
H, l'élément chimique le plus simple, se casse, se mélange, se divise, se noue pour former des choses nouvelles. L'univers est expérience. Tout part de l'hydrogène, mais tout se répand dans tous les sens et dans toutes les formes. Dans la fournaise initiale, H, l'origine de tout, se met à accoucher d'atomes nouveaux.
Comme He : l'hélium. Et puis tous se mélangent pour donner le jour à des atomes de plus en plus complexes.
On peut actuellement constater les effets de l'explosion initiale. L'ensemble de notre univers-espace-temps-local, qui était composé à 100% d'hydrogène, est maintenant une soupe remplie de tas d'atomes bizarres selon les proportions suivantes :

90% d'hydrogène
9% d'hélium
0,1% d'oxygène
0,060% de carbone
0,012% de néon
0,010% d'azote
0,005% de magnésium
0,004% de fer
0,002% de soufre.
En ne citant que les éléments chimiques les plus répandus dans notre univers-espace-temps.

Avenir

On ne sait pas comment sera l'homme du futur mais l'on peut déjà avancer son portrait probable.
Il aura la mâchoire plus courte et moins de dents que nous. Nos troisièmes molaires, nos fameuses dents de sagesse, ont en effet tendance à disparaître. Normal : les molaires servent à broyer la viande, or nous ne mangeons plus que des aliments mous qui n'ont plus besoin d'être broyés. L'homme du futur n'aura que 28 dents au lieu de 32.
Il sera plus grand. Tout simplement parce que les bébés sont maintenant mieux nourris, donc mieux « construits » qu'à l'origine. Les médicaments les protègent des maladies qui pourraient troubler leur croissance. On sait par exemple qu'en 1800 la moyenne des conscrits français était de 1,63 m, elle était en 1958 de 1,68 m alors qu'elle est en 1993 de 1,75 m. C'est même une croissance exponentielle.
Il sera plus myope. En ville il n'est pas besoin de voir loin.
Il sera probablement métis. Tout simplement à cause de la généralisation des moyens de transport qui permettent à tous les peuples de se rencontrer et de se mêler.
Il vivra plus vieux. Toujours grâce à l'hygiène, aux progrès de la médecine et à une meilleure nutrition.
Le volume cérébral sera probablement supérieur, la capacité de la boîte crânienne de l'*Homo sapiens* ayant déjà triplé depuis les premiers hommes d'il y a trois millions d'années. Mais plus que le volume, ce sera sans doute la complexité des connexions qui se développera.

On restera enfant plus longtemps. En effet, les os durcissent de plus en plus tard. Il y a trente mille ans, tous les os étaient durs à près de 18 ans. De nos jours, l'ossification de la clavicule qui clôt la croissance se produit à 25 ans. Tout se passe comme si les gens restaient physiologiquement des enfants de plus en plus longtemps. Ce qui expliquerait que, même mentalement, on veuille s'attarder dans l'enfance.
Les femmes en revanche connaîtront plus tôt leurs premières règles, l'âge de la ménopause se déclenchera plus tard. Donc la période de fécondité humaine s'allongera. On sera peut-être davantage lubrique pour rendre cette longue période moins monotone…
Le corps masculin se féminisera. A l'inverse des tribus de chasseurs des forêts qui conservent une grande différence entre le faciès masculin et le faciès féminin, on constate déjà une grande similitude des crânes féminin et masculin. L'avenir est aux hermaphrodites et aux femmes-enfants. Ces deux références esthétiques sont d'ailleurs les canons de la beauté moderne les plus mis en valeur dans la mode, le cinéma et la chanson.

1 + 1 = 3

Cela signifie que l'union des talents dépasse leur simple addition. Cela signifie que la fusion des principes masculin et féminin, de petit et de grand, de haut et de bas, qui régissent l'univers donne naissance à quelque chose de différent de l'un et de l'autre qui les dépasse.
1 + 1 = 3.

Tout le concept de foi dans nos enfants qui sont forcément meilleurs que nous est exprimé dans cette équation. Donc de la foi dans le futur de l'humanité. L'homme de demain sera meilleur que celui d'aujourd'hui.
Mais 1 + 1 = 3 exprime aussi tout le concept que la collectivité et la cohésion sociale sont les meilleurs moyens de sublimer notre statut d'animal.
Cela dit 1 + 1 = 3 peut gêner beaucoup de gens qui diront que ce principe philosophique est nul puisque mathématiquement faux.
Pourtant, prenons l'équation vérifiée $(a + b) \times (a - b) = a^2 - ab + ba - b^2$.
A droite –ab et +ba s'annulent, on a donc :
$(a + b) \times (a - b) = a^2 - b^2$.
Divisons les deux termes de chaque côté par (a – b), on obtient :

$$\frac{(a + b) \times (a - b)}{a - b} = \frac{a^2 - b^2}{a - b}$$

Simplifions le terme de gauche :

$$(a + b) = \frac{a^2 - b^2}{a - b}$$

Posons a = b = 1. On obtient donc :

$$1 + 1 = \frac{1 - 1}{1 - 1}$$

Lorsqu'on a le même terme en haut et en bas d'une division, celle-ci = 1. Donc l'équation devient :
2 = 1 et, si on ajoute 1 des deux côtés on obtient : 3 = 2, donc si on remplace 2 par un 1 + 1 on obtient... 3 = 1 + 1.

$(a+b)\times(a-b)=a^2-ab+ba-b^2$

Bactérie

Tel est le nom de notre plus ancien arrière-arrière-grand-père. Et voilà aussi le nom de la structure organique qui a régné le plus longtemps et le plus largement sur terre.
Si notre planète est âgée d'environ 5 milliards d'années, la première bactérie, une archébactérie, est apparue il y a 3,5 milliards d'années. Pendant 2 milliards d'années, l'archébactérie et ses dérivés sont restés seuls à s'« amuser » sur la terre. Les seuls à se battre, à se nourrir, à se reproduire. Combien de belles épopées bactériennes, combien de drames, combien de bonheurs bactériens demeureront à jamais ignorés de nous, plus récents occupants de la croûte terrestre...
Dans le cœur de tout homme, il y a une bactérie qui sommeille.
Ce n'est qu'après que notre terre a déjà parcouru les trois quarts de son existence jusqu'à nos jours (un quart dans le silence, deux quarts avec des bactéries pour seuls habitants) qu'apparaît la première cellule à noyau. C'est une vraie révolution dans la vie. Jusque-là, les gènes se promenaient en vrac dans la cellule. Lorsqu'ils se réunissent en noyau, un programme cohérent peut enfin se bâtir.
Les bactéries donnent donc naissance à une branche évoluée : les algues bleues. Contrairement à leurs ancêtres, elles aiment l'oxygène, la lumière du soleil, elles sont l'avenir. Plus ça avance, plus ça va vite.
Les algues bleues donnent naissance à des formes de vie de plus en plus sophistiquées. Les insectes apparaissent il y a 250 millions d'années. Les hommes, bons retardataires, ont pointé le bout de leur museau il y a bien 3 millions d'années.

Quant aux bactéries qui n'ont pas su évoluer, elles ont toujours horreur de l'oxygène. Alors elles restent tapies au fond des terres, des mers et même de nos intestins.

Construire et communiquer

La vie sait faire deux choses : construire et communiquer. Dès le départ, au plus profond de toutes les cellules, on trouve cette propension double. L'ADN construit, l'ARN communique.

L'ADN (acide désoxyribonucléique) est à la fois la carte d'identité, la mémoire et le plan de construction d'une cellule. L'ADN est composé d'un mélange de quatre produits chimiques (quatre bases azotées) qu'on peut symboliser par leur première lettre. A (Adénine), T (Thymine), G (Guanine), C (Cytosine). ATGC c'est comme un jeu à quatre cartes. On peut les mélanger n'importe comment, tels des cœurs, des trèfles, des piques, des carreaux, cela donnera toujours un jeu.

Mais le jeu s'accomplit à deux mains. A toute ligne de combinaison de cartes ATGC correspond une ligne parallèle obéissant à une loi. A ne s'associe qu'à T, G ne s'associe qu'à C.

Donc à la ligne supérieure GCCCAATGG correspond CGGGTTACC. Chaque gène est une entité chimique composée de plusieurs milliers de A, T, G, C. C'est son information, son code, sa bibliothèque de savoir qui le caractérisent. La couleur de vos yeux, bruns ou bleus, provient d'une combinaison de ATGC qui vous a programmé ainsi. Toutes nos caractéristiques ne sont que des ATGC. Et il y en a

A savoir : si l'on déroulait tout l'ADN d'une de nos cellules, on obtiendrait un filament d'une longueur égale à 8000 allers et retours de la Terre à la Lune

beaucoup. A savoir : si l'on déroulait tout l'ADN d'une de nos cellules, on obtiendrait un filament d'une longueur égale à 8 000 allers et retours de la Terre à la Lune.

La cellule devient complexe, capable de stocker l'information. Mais à quoi lui servirait cette information si elle ne pouvait la transmettre ? C'est alors qu'apparaît la capacité de « communication ». Les messages envoyés par la cellule ressemblent à des cellules d'ADN, mais un composé chimique les en différencie cependant. On les nomme « ARN messagers » (acide ribonucléique). Ce sont des brins d'acide ribonucléique presque similaires à l'acide désoxyribonucléique (son sucre est du ribose et l'une de ses bases azotées est différente). Il n'y a qu'une lettre qui change. T est remplacé par U (Uracile). Dans l'ADN de type GCCCAATGG est donc associé l'ARN GCCCAAUGG.

Cette capacité d'expression de l'ADN peut s'illustrer par l'exemple du ver à soie. Avec un ADN, la cellule peut fabriquer autant d'ARN que nécessaire. Un seul gène d'ADN est par exemple capable de produire 10 000 copies d'ARN, chacune apte à transmettre aux cellules l'information de fabriquer d'innombrables protéines de fibre de soie. C'est évidemment le cas le plus spectaculaire dans la vie de construction et de communication. Et cette merveille nous sert surtout à nous prélasser dans des vêtements doux.

En quatre jours, les gènes d'une seule cellule peuvent ordonner la fabrication d'un milliard de protéines de fibre de soie.

Ver de soie

La vie sait faire deux choses : construire et communiquer.

Utopie de Shabbatai Zevi

Après s'être livrés à mille calculs et interprétations ésotériques de la Bible et du Talmud, les grands érudits kabbalistes de Pologne prédirent que le Messie surgirait très précisément en l'an 1666.
A l'époque le moral de la population juive d'Europe de l'Est était au plus bas. L'hetman cosaque Bogdan Khmelnitski avait pris quelques années plus tôt la tête d'une armée de paysans afin d'en finir avec la domination des grands propriétaires féodaux polonais. Impuissante à les atteindre dans leurs châteaux bien fortifiés, la horde prise d'une frénésie meurtrière se vengea sur les petites bourgades juives jugées trop fidèles à leurs suzerains. Quand, quelques semaines plus tard, les aristocrates polonais lancèrent de sanglants raids de représailles, une fois de plus les villages juifs en firent les frais et des milliers de victimes furent dénombrées. « C'est le signe de l'ultime combat d'Armaggedon », affirmèrent les kabbalistes. « C'est le prélude à l'arrivée du Messie. »
Ce fut le moment que choisit Shabbatai Zevi, un jeune homme doux au regard intense, pour se faire reconnaître comme le Messie. L'homme parlait bien, il rassurait, il faisait rêver. On prétendait qu'il accomplissait des miracles. Il suscita rapidement une intense ferveur religieuse parmi les communautés juives éprouvées d'Europe de l'Est. Nombre de rabbins criaient certes à l'usurpateur et au « faux roi ». Des schismes apparurent entre juifs partisans et

Ce fut le moment que choisit Shabbatai Zevi, un jeune homme doux au regard intense, pour se faire reconnaître comme le Messie.

dénonciateurs de Shabbatai Zevi, des familles entières se déchirèrent. Cependant, des centaines de personnes décidèrent de tout abandonner, de laisser là leur foyer et de suivre le nouveau Messie qui les entraînait à construire une nouvelle société utopique en Terre sainte. L'affaire tourna court. Un soir, des espions du Grand Turc enlevèrent Shabbatai Zevi. Il échappa à la mort en se convertissant à l'islam. Certains de ses disciples parmi les plus fidèles le suivirent dans cette voie. D'autres encore préférèrent l'oublier.

Ère du cortex

Le langage montre le mouvement de l'évolution de notre cerveau. Au départ, il n'existait que peu de mots mais les intonations permettaient d'en préciser le sens. C'était le cerveau des émotions, le système limbique, qui permettait de se faire comprendre. De nos jours, le vocabulaire est vaste, si bien que l'on n'a plus besoin d'intonations pour préciser une nuance exacte. Le vocabulaire est fabriqué par notre cortex. Nous utilisons le langage des raisonnements, des systèmes de logique, des mécanismes automatiques de pensée.

Le langage n'est qu'un symptôme. Notre évolution va du cerveau reptilien vers le système limbique et du système limbique vers le cortex. Nous sommes en train de vivre le règne de l'intelligence cortexienne. Le corps est oublié, tout devient raisonné. C'est pourquoi on voit apparaître tant de maladies psychosomatiques (la raison ou la déraison agit sur la chair). Plus nous avancerons, davantage les gens consulteront le psychanalyste et le psychiatre. Ce sont eux les médecins du cortex. Donc les médecins du futur.

Espace

Avec les meilleurs télescopes, il nous est impossible de voir autour de nous dans l'espace présent. On ne peut voir qu'en arrière dans l'espace passé. Nous ne sommes entourés que par des lueurs du passé.
Parce que la lumière a une vitesse et que les images des étoiles qui nous parviennent aujourd'hui ont été émises il y a longtemps. Ce sont des lueurs qui ont voyagé parfois sur des millions de kilomètres pour venir scintiller dans nos nuits. La zone de notre vision de l'espace forme une sorte de long « radis » qui s'étend dans le tréfonds de nos origines spatiales.

Être ensemble

Selon la philosophie soufie, l'une des premières règles du bonheur consiste à s'asseoir avec des amis ou des gens qu'on aime. On s'assoit, on ne dit rien, on ne fait rien. On se regarde ou on ne se regarde pas. Toute l'extase vient du plaisir d'être entouré de gens avec lesquels on se sent bien. Plus besoin de s'occuper ou d'occuper l'espace sonore. On se contente d'apprécier cette muette coexistence.

Dinosaure

Parmi la variété des dinosaures qui peuplaient la Terre il y a soixante-cinq millions d'années, il existait des dinosaures de toutes les tailles et de toutes les formes. Or une espèce particulière avait notre taille, marchait sur deux pattes et possédait un cerveau occupant pratiquement autant de place que le nôtre : les sténonychosaures.

Alors que notre ancêtre ne ressemblait qu'à une musaraigne, les sténonychosaures étaient vraiment des animaux très évolués. Ces bipèdes aux allures de kangourou à peau de lézard avaient des yeux en forme de soucoupe capables de voir devant et derrière (avouons que ce gadget nous manque). Grâce à une sensibilité oculaire extraordinaire, ils pouvaient chasser même à la tombée de la nuit. Ils possédaient des griffes rétractables comme les chats, de longs doigts et de longs orteils aux capacités de préhension étonnantes. Ils pouvaient par exemple prendre un caillou et le jeter.

Les professeurs canadiens Dale Russel et R. Seguin (Ottawa), qui ont bien étudié les sténonychosaures, pensent qu'ils disposaient d'une capacité d'analyse de l'environnement exceptionnelle, surpassant celle de toutes les autres espèces de l'époque et leur permettant d'être une espèce dominante malgré leur taille réduite.

Un squelette de sténonychosaure, trouvé dans l'Alberta (Canada) en 1967, confirme que ces reptiles avaient des zones d'activité cérébrale très différentes des autres dinosaures. Comme nous, ils avaient le cervelet et le bulbe rachidien anormalement développés. Ils pouvaient comprendre, réfléchir, mettre au point une stratégie de chasse, même en groupe.

Bien sûr, d'allure générale, le sténonychosaure ressemblait davantage à un kangourou qu'à un concierge du 19e arrondissement de Paris mais, selon Russel et Seguin, si les dinosaures n'avaient pas disparu, ce serait probablement cet animal qui aurait développé la vie sociale et la technologie.

A un petit accident écologique près, ce reptile aurait très bien pu conduire des voitures, bâtir des gratte-ciel et inventer la télévision. Et nous, malheureux primates retardataires, n'aurions plus eu de place que dans les zoos, les laboratoires et les cirques.

Feuille

On se demande parfois pourquoi les feuilles de papier courantes mesurent 21 × 29,7 cm. Ces dimensions sont en fait un « canon » (rapport de proportion entre plusieurs nombres) découvert par Léonard de Vinci. Il recèle une propriété extraordinaire : lorsqu'on plie une feuille de 21 × 29,7 en deux, la longueur devient la largeur et on obtient toujours la même proportion entre les deux. On peut continuer à plier comme ça autant de fois qu'on le voudra la feuille de 21 × 29,7, on conservera toujours ce même rapport. C'est la seule proportion à posséder cette propriété.

Guerrier

On reconnaît le vrai guerrier au fait qu'il s'intéresse davantage à ses ennemis qu'à ses amis.

Irréfutable

Ce n'est pas parce que l'on rencontre trois corbeaux noirs que tous les corbeaux sont noirs. Selon Karl Popper, il suffit de trouver un corbeau blanc pour prouver que cette loi est fausse. Tant qu'on n'a pas trouvé de corbeaux blancs, on ne peut pas savoir si tous les corbeaux sont noirs ou pas.
De même la science est toujours réfutable. Il n'y a que ce qui n'est pas scientifique qui soit irréfutable. Si quelqu'un vous dit « les fantômes existent », c'est irréfutable parce qu'il n'y a aucun moyen de prouver que cette assertion est fausse. On ne peut pas trouver de contre-exemple.
En revanche, si l'on dit : « La lumière va toujours en ligne droite », c'est réfutable. Il suffit de placer une lampe de poche dans une bassine d'eau pour voir que sa lumière est déformée à la surface.

Vase de Klein

Le vase de Klein est une figure paradoxale. Elle forme une sorte de bouteille dont le goulot rejoint le culot. Il ne comprend qu'un seul côté, il est sans face intérieure, sans face extérieure, sans bord. L'entrée est la sortie. Le dedans est le dehors. Le dessus est le dessous. Notre univers a peut-être la forme d'un vase de Klein sans début et sans fin.

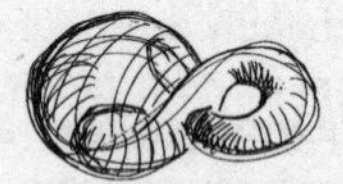

Krishnamurti

En 1875, une femme russe, Elena Blavatsky, assure avoir reçu des esprits supérieurs une révélation. Elle parle du « Supérieur inconnu ». Ces esprits lui ont dicté un texte à propos de la déesse égyptienne Isis. La femme trouve beaucoup d'adeptes pour cette première religion syncrétiste. Elle fonde le mouvement théosophique. Elle mélange toutes les religions pour en dégager une ligne commune. Le mouvement théosophique séduit aux États-Unis, en Australie puis en Europe où se multiplient les cercles théosophiques. Elena a fait savoir qu'un messie apparaîtrait en leur sein. C'est ainsi que le fils d'un adepte est reconnu comme étant le futur messie. Il est éduqué comme tel par Annie Besant. Pour ses dix-huit ans, il est prévu qu'il annonce son messianisme au monde. Il prononce alors un discours retransmis dans tous les cercles théosophiques : le grand discours de la révélation.

Mais à la plus grande surprise de tous, le jeune homme, qui se nomme Krishnamurti, déclare qu'il n'est pas le messie et que les gens ne doivent surtout pas se laisser guider comme des moutons par de soi-disant messies. Le mouvement théosophique n'en a pas moins continué. Quant à Krishnamurti, s'il n'était pas un théosophe, il s'avéra un excellent philosophe. Il affirma partout qu'il faut chercher la connaissance en soi. Ne pas attendre qu'un groupe ou un meneur nous tiennent la main. Son message pouvait se résumer à cela : « Personne ne peut vous remplacer sur le chemin de la connaissance. Il y a forcément un moment où il faut y aller soi-même, aussi difficile que cela paraisse. »

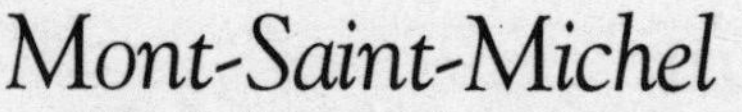

Mont-Saint-Michel

L'île du Mont-Saint-Michel est un lieu hautement symbolique. Et pas seulement parce qu'il est en équilibre entre la terre, l'eau et le ciel. C'est là que se sont déroulés des pèlerinages chrétiens mais aussi des cérémonies d'alchimistes et de templiers, et, plus avant encore, des célébrations druidiques. Toutes les populations avoisinantes ont vénéré ce site. Jadis on nommait l'île du Mont-Saint-Michel l'île des Morts : Tumba (mot provenant du gaulois « Tim » et signifiant lieu élevé, mais aussi lieu de mort). On disait que les trépassés s'y donnaient rendez-vous le 2 novembre, jour de la fête celtique de Samain. On considérait que cette journée passée ici était la seule qui échappait à l'écoulement du temps.

On disait que les trépassés s'y donnaient rendez-vous le 2 novembre jour de la fête celtique de Samain.

Pour en finir avec toutes les superstitions liées à l'île, les ducs de Normandie y firent construire par des compagnons une église de style roman en 1023. Cette église est surprenante. Bâtie sur quatre pentes, elle comprend d'est en ouest : un narthex (porche), une nef de sept travées flanquées de bas-côtés, un transept voûté et un chœur d'abside entouré d'un déambulatoire.

La longueur de l'édifice, 80 mètres, est égale à la hauteur de la pointe du rocher. Ce qui fait que l'église est comprise dans un carré parfait allant du niveau le plus bas du rocher au sol de l'église et couvrant toute la surface de celle-ci. Le choix de ce carré n'est pas un hasard. Il désigne les quatre éléments, les quatre horizons et

les quatre vents qui fouettent le Mont. Il semble que les bâtisseurs de l'église aient voulu s'inspirer du Temple par excellence, celui de Salomon à Jérusalem. L'emplacement du porche est semblable à celui du porche hébreu (Ulam). Le lieu de prière (Hekal) et le Saint des Saints sont eux aussi disposés à l'identique. Quant aux sept marches qui conduisent au transept, elles correspondent aux sept mêmes marches du Temple et aux sept branches du chandelier sacré.
Autre allusion à la Bible, le monastère du Mont-Saint-Michel a les proportions exactes de l'arche de Noé telles qu'elles sont précisées dans l'Ancien Testament : 300 coudées sur 50 (soit un rapport longueur/largeur de 1/6). Il comprend trois niveaux superposés à l'instar de l'Arche (dans l'embarcation de Noé, le premier étage était occupé par les animaux, le deuxième par des réserves de nourriture et le troisième par la famille du patriarche).
Dans le monastère, premier étage : l'aumônerie, endroit où sont accueillis les étrangers, pèlerins et fidèles. Deuxième étage : le réfectoire où les moines se restaurent. Quant au troisième, il est réservé au dortoir. Les bâtisseurs ont compris dès l'origine qu'il ne s'agissait pas ici d'une île mais de la représentation d'un vaisseau voguant à sa manière vers une autre dimension.

Noir

L'espace est noir parce que la lumière des étoiles ne trouve pas de paroi pour se refléter. Alors les rayons de lumière s'épuisent dans l'infini. Le jour où l'on apercevra une légère couleur dans le fond de l'univers, c'est que nous aurons atteint l'un de ses coins.

Pour trouver une idée

Technique pour trouver des idées ou une solution à un problème compliqué (utilisée par Salvador Dalí, lui-même s'étant inspiré d'un outil de réflexion cher à des moines d'un monastère cistercien).

S'asseoir sur une chaise munie de deux gros accoudoirs. Prendre une assiette à soupe et une petite cuillère. Une cuillère creuse si on a le sommeil profond. Retourner l'assiette vers le sol. Tenir mollement la cuillère du bout du manche entre le pouce et le majeur au-dessus de l'assiette.

Commencer à s'endormir en pensant au problème que l'on veut résoudre. Lorsque la cuillère tombe sur l'assiette et vous réveille brutalement, le problème est résolu, l'idée est trouvée.

Réalité parallèle

La réalité dans laquelle nous sommes n'est peut-être pas la seule. Il existerait d'autres réalités parallèles.

Par exemple, alors que vous lisez ce livre dans cette réalité, dans une autre réalité vous êtes en train de vous faire assassiner, dans une troisième vous avez gagné au Loto, dans une quatrième vous avez soudain envie de vous suicider, etc. Il y aurait comme cela des centaines, voire des milliers de réalités parallèles qui se répandraient en permanence comme les branches d'un arbre.

Mais au bout d'un certain temps, une voie de réalité serait choisie, figée, et les autres réalités s'éva-

R

poreraient. Dès qu'une ligne de réel serait durcie, une multitude de nouvelles réalités en découleraient. Peu à peu le tronc d'où partent les branches se fixerait. Dès lors il n'y aurait plus accès aux anciennes ébauches de réalité.
Visiblement, il semblerait ici et maintenant que la réalité où vous êtes en train de lire l'ESRA est celle qui a été choisie, durcie et fixée (par qui ? selon quels critères ? On l'ignore). Cela peut sembler évidemment complètement loufoque mais la physique quantique arrive à ces mêmes conclusions.
Il est possible d'imaginer que le réel ne fait pas que s'écouler en avant, il peut aussi s'écouler sur les côtés (cf. le chat de Schrödinger où la réalité « le chat est mort », côtoie la réalité « le chat est vivant »).

Règne du calife Al-Akim

Le calife Al-Akim, de la dynastie fatimide, laquelle régna de 909 à 1171 (dynastie chiite ismaélienne – dont les origines remontent à Fatima – qui créa la ville du Caire, étendit son influence sur tout le Maghreb et conquit la Sicile), vivait au Caire. Cet homme est fasciné par son pouvoir sur sa ville et par les limites de ce concept de pouvoir. Il se met donc à édicter des lois absurdes, puis il se promène de par les rues déguisé en simple promeneur afin d'observer les réactions de son peuple. En somme, il se livre à des expériences sociologiques directes en prenant toute sa population pour cobaye. Pour tester la soumission de son peuple, il commence par interdire le travail de nuit. Il prétend que le manque de lumière est mauvais pour les yeux.

Toujours est-il que toute personne surprise à travailler la nuit à la bougie sera mise à mort. Déguisé en badaud, il surprend un boulanger en train de faire des heures supplémentaires et le condamne à être brûlé vif dans son propre fournil. Puis, ayant constaté que tout le monde se conforme à sa loi sur le travail de nuit, il l'inverse. Interdiction de s'échiner le jour. Tout le monde n'a désormais le droit de travailler QUE la nuit. Comme un animal dompté, son peuple obéit bien vite au doigt et à l'œil dès la promulgation de ses lois originales. Dès lors, tout devient possible. Pour dominer toutes les confessions, le calife fait raser les églises des catholiques et les synagogues des juifs puis, toujours maître du chaud et du froid, il fournit aux deux cultes l'argent nécessaire pour reconstruire leurs temples. Il interdit ensuite le parfum aux femmes. Il interdit qu'on leur fabrique des chaussures. Il interdit aux femmes de se maquiller pour finalement leur interdire carrément de sortir de chez elles. La ville est interdite aux femmes, point. Un jour, alors qu'il effectue sa tournée de vérification, il surprend un groupe de femmes dans un bain public. Il en fait aussitôt murer toutes les issues afin qu'elles y meurent de faim.

Comme l'homme a aussi l'instinct du jeu, il sème derrière lui des lettres cachetées, adressées aux émirs. Elles contiennent soit la missive « couvrez le messager d'or », soit l'injonction « tuez le messager ». Ramasser un pli devient ainsi une sorte de Loto national si ce n'est que les perdants meurent.

Il interdit ensuite le parfum aux femmes.

On retrouva un jour les vêtements du calife ensanglantés au bord d'une rivière. Probablement l'un de ses multiples ennemis l'avait-il assassiné. On n'a jamais retrouvé son corps. Mais le culte d'Al-Akim s'est développé dans l'ombre. Avec le temps, on lui prêta les dons d'un chef plein de sagesse et d'imagination.

Shiatsu

Un point de shiatsu chinois très pratique est celui qui permet de lutter contre la constipation. Le geste consiste à presser avec le pouce et l'index de sa main droite la chair entre le pouce et l'index de la main gauche. Si l'on est constipé, on sent la présence d'une boule douloureuse. Il suffit alors de la pincer et de la masser pour venir à bout de ses tracas.

Sommeil paradoxal

Durant notre sommeil, nous connaissons une phase particulière dite de « sommeil paradoxal ». Elle dure quinze à vingt minutes, s'interrompt pour revenir plus longuement une heure et demie plus tard. Pourquoi a-t-on appelé ainsi cette plage de sommeil ? Parce qu'il est paradoxal de se livrer à une activité nerveuse intense au moment même de son sommeil le plus profond.

Si les nuits des bébés sont souvent très agitées, c'est parce qu'elles sont traversées par ce sommeil paradoxal (proportions : un tiers de sommeil normal, un

tiers de sommeil léger, un tiers de sommeil paradoxal). Durant cette phase de leur sommeil, les bébés présentent souvent des mimiques étranges qui leur font prendre des mines d'adultes, voire de vieillards. Sur leur physionomie se peignent tour à tour la colère, la joie, la tristesse, la peur, la surprise alors qu'ils n'ont sans doute encore jamais connu de telles émotions. On dirait qu'ils révisent les expressions qu'ils afficheront plus tard.
Au cours de la vie adulte, les phases de sommeil paradoxal se réduisent avec l'âge pour ne plus constituer qu'un dixième, sinon un vingtième de la totalité du temps de sommeil. Ces moments sont souvent vécus comme un plaisir et peuvent provoquer des érections chez les hommes. Il semblerait que, chaque nuit, nous ayons un message à recevoir.
Une expérience a été réalisée : un adulte a été réveillé au beau milieu de son sommeil paradoxal et prié de raconter à quoi il était en train de rêver à ce moment précis. On l'a ensuite laissé se rendormir pour le secouer de nouveau à la phase de sommeil paradoxal suivante. On a constaté que même si l'histoire des deux rêves était différente, ils n'en présentaient pas moins un noyau commun. Tout se passe comme si le rêve interrompu reprenait d'une manière différente pour faire passer le même message.
Récemment, des chercheurs ont émis une idée nouvelle. Le rêve serait un moyen d'oublier les pressions sociales. En rêvant, nous désapprenons ce que nous avons été contraints d'apprendre dans la journée et qui heurte nos convictions profondes. Tous les conditionnements imposés de l'extérieur s'effacent. Tant que les gens rêvent, impossible de les manipuler complètement. Le rêve est un frein naturel au totalitarisme.

Bombardier

Les carabes bombardiers (*Brachynus crepitans*) sont nantis d'un « fusil organique ». S'ils sont attaqués, ils dégagent comme une fumée suivie d'une détonation. L'insecte les produit en associant deux substances chimiques émanant de deux glandes distinctes. La première libère une solution contenant 25% d'eau oxygénée et 10% d'hydroquinone. La seconde fabrique une enzyme, la peroxydase. En se mêlant dans une chambre de combustion, ces jus atteignent la température de l'eau bouillante, 100 °C, d'où un jet de vapeur d'acide nitrique, d'où la détonation. Si l'on approche sa main d'un carabe bombardier, son canon projettera aussitôt une nuée de gouttes rouges, brûlantes et très odorantes. L'acide nitrique provoquera des cloques sur la peau.
Ces coléoptères savent viser en orientant leur bec abdominal flexible où s'opère le mélange détonant. Ils peuvent ainsi frapper une cible à quelques centimètres de distance. S'ils la manquent, la détonation suffira à faire fuir n'importe quel assaillant. Un carabe bombardier tient généralement trois ou quatre salves en réserve. Certains entomologistes ont cependant dépisté des espèces capables, quand on les stimule, de tirer vingt-quatre coups d'affilée.
Les carabes bombardiers sont orange et bleu argenté. Ils sont très faciles à déceler. Tout se passe comme si, armés de leur canon, ils se sentaient invulnérables au point de s'afficher en vêtements bariolés. D'une façon générale, tous les coléoptères qui déploient des couleurs flamboyantes et des élytres aux graphismes éclatants disposent d'un « gadget » de défense qui leur permet d'éloigner les curieux.

Note. Sachant que l'animal est délicieux à consommer nonobstant ce « gadget », les souris sautent sur les carabes bombardiers et leur enfoncent immédiatement l'abdomen dans le sable avant que le mélange détonant n'ait eu le temps de fonctionner. Les coups se perdent alors dans le sol et, quand l'insecte a gaspillé toutes ses munitions, la souris le dévore en commençant par la tête.

Jeu de Marienbad

Quand on est au restaurant et que les plats mettent du temps à arriver, on se sent parfois un peu désœuvré, surtout si la personne qu'on a en face de soi n'a rien d'intéressant à dire.

Voilà un jeu simple, dérivé du jeu de Marienbad, qui permettra de s'occuper en attendant que le maître d'hôtel daigne prendre votre commande.

Disposez des allumettes, des cigarettes ou des cure-dents à plat sur la nappe comme suit :

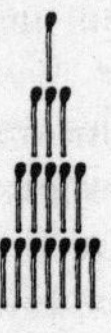

Chacun à tour de rôle peut prendre autant d'allumettes qu'il le souhaite, mais dans une rangée seulement. Le but du jeu est de contraindre l'adversaire à s'emparer de la dernière allumette.

Un truc pour gagner : essayer d'imposer à l'autre une position où il ne reste plus que deux rangées avec autant d'allumettes. Exemple :

Sphère

Dans l'infiniment petit comme dans l'infiniment grand, on rencontre des sphères. Sphère des planètes, sphère des atomes, sphère des particules, sphère des quarks. Ces sphères sont régies par quatre forces fondamentales :
La gravité. Qui nous plaque au sol, fait tourner la Terre autour du Soleil et la Lune autour de la Terre.
L'électromagnétisme. Qui fait tourner les électrons autour des noyaux d'atome.
L'interaction forte. Qui lie les particules constituant ce noyau.
L'interaction faible. Qui lie les quarks constituant cette particule.
L'infiniment petit et l'infiniment grand ne sont que des sphères liées par ces forces fondamentales. Il est probable que ces quatre forces n'en font d'ailleurs qu'une. Jusqu'à sa mort, Einstein voulait trouver la loi de « la grande Unification » des forces.

Tromperie tactile

Croisez les doigts, l'index et le majeur par exemple. Posez une bille sur la table avec l'autre main. L'extrémité des doigts croisés sur la bille, imprimez à votre main un mouvement de rotation. Fermez les yeux. Vous aurez l'impression de toucher deux billes.

Wendat

Chez les Indiens Wendat du Canada (les Hurons), juste avant de tuer un animal à la chasse, on lui explique pourquoi on va l'abattre. On indique à haute voix qui va le manger. Ce qui se passerait pour la famille si on le ratait. Puis on appuie sur la détente. On considère que c'est l'animal qui se laisse tuer par générosité pour offrir sa chair et sa peau au chasseur qui lui a expliqué en quoi elles lui étaient indispensables.

Source de peur

Voici le hit-parade des peurs humaines (d'après un sondage auprès de 1 000 personnes effectué en France en 1990).

1. le serpent
2. le vertige
3. les araignées
4. les rats
5. les guêpes

6. les parkings souterrains
7. le feu
8. le sang
9. l'obscurité
10. la foule.

Communication entre les arbres

Certains acacias d'Afrique présentent d'étonnantes propriétés. Lorsqu'une gazelle ou une chèvre veut les brouter, ils modifient les composantes chimiques de leur sève de manière à la rendre toxique. Quand il s'aperçoit que l'arbre n'a plus le même goût, l'animal s'en va en mordre un autre. Or les acacias sont capables d'émettre un parfum que captent les acacias voisins et qui les avertit immédiatement de la présence du prédateur. En quelques minutes, tous deviennent non comestibles. Les herbivores s'écartent alors, en quête d'un acacia trop éloigné pour avoir perçu le message d'alerte. Il se trouve cependant que les techniques d'élevage en troupeaux réunissent en un même lieu clos le groupe de chèvres et le groupe d'acacias. Conséquence : une fois que le premier acacia touché a alerté tous les autres, les bêtes n'ont plus d'autre solution que de brouter les arbustes toxiques. C'est ainsi que de nombreux troupeaux sont morts empoisonnés pour des raisons que les hommes ont mis longtemps à comprendre.

Yin Yang

Tout est en même temps yin et yang. Dans le bien il y a du mal et dans le mal il y a du bien. Dans le masculin il y a du féminin et dans le féminin il y a du masculin. Dans le fort il y a de la faiblesse et dans la faiblesse il y a de la force. Parce que les Chinois ont compris cela il y a plus de trois mille ans, on peut les considérer comme des précurseurs de la relativité. Le noir et le blanc se complètent et se mélangent pour le meilleur ou pour le pire.

Fœtus

Avant de naître, c'est comme si le fœtus récapitulait tous les épisodes précédents de l'expérience de la vie sur terre. Au début il est semblable à un petit être unicellulaire, une sorte de paramécie, puis il devient poisson, avec toutes les caractéristiques du poisson y compris une respiration de type branchies, puis il devient reptile, puis enfin mammifère. Comme si on résumait les épisodes précédents avant de passer au suivant.
Les couches mêmes du cerveau sont les traces de ce « récapitulatif des niveaux du vivant ». Le cerveau le plus ancien est similaire à celui des reptiles. Puis vient celui des mammifères. Puis celui des humains. Ils forment comme trois casques que le fœtus empilerait sur ses cellules d'origine.

Auroville

L'aventure d'Auroville (abréviation d'Aurore-ville) en Inde, près de Pondichéry, compte parmi les plus intéressantes expériences de communauté humaine utopique. Un philosophe bengali, Sri Aurobindo, et une philosophe française, Mira Alfassa (« Mère »), entreprirent en 1968 d'y créer « le » village idéal. Cette cité aurait la forme d'une galaxie afin que tout rayonne depuis son centre rond. Ils attendaient des gens de tous les pays. Y vinrent seulement des Européens en quête d'un utopique absolu.
Hommes et femmes construisirent des éoliennes, des ateliers d'objets artisanaux, des canalisations, un centre informatique, une briqueterie. Ils cultivèrent dans cette région pourtant aride. Auroville est une des rares expériences utopiques encore en cours.

Conseil de rose-croix

Avant de regarder l'heure, essayer de la trouver. Avant de décrocher le téléphone, essayer de deviner qui appelle.

Usure du cerveau

Un neuropsychologue américain, le professeur Rosenzweig de l'université de Berkeley, a voulu connaître l'action du milieu sur nos capacités cérébrales. Il a pour cela utilisé des hamsters issus

de mêmes parents, sevrés le même jour, nourris de la même manière et les a installés dans trois cages.
La première était vaste, remplie d'objets hétéroclites avec lesquels ils pouvaient jouer et faire du sport grâce à toutes sortes d'ustensiles : roues, grillages, échelles, balançoires. Les hamsters y étaient plus nombreux, se battaient pour accéder aux objets, jouaient.
La seconde était une cage moyenne, vide, mais avec de la nourriture distribuée à volonté. Les hamsters y étaient moins nombreux et, n'ayant pas d'enjeux, pouvaient se reposer tranquillement.
La troisième était une cage étroite dans laquelle il n'y avait qu'un seul hamster. Il était nourri normalement mais il ne pouvait qu'entrapercevoir à travers une ouverture dans le grillage le spectacle des autres hamsters dans leur cage. Un peu comme s'il regardait la télévision.
Au bout d'un mois, on sortit les hamsters pour faire le point sur l'influence du milieu sur leur intelligence. Les hamsters de la première cage, pleine de jouets, étaient de loin plus rapides que les autres dans les tests de labyrinthe ou de reconnaissance d'image.
On a ouvert leur crâne. Le cortex des hamsters de la première cage était plus lourd de 6% par rapport à ceux de la deuxième et davantage encore par rapport à celui de la troisième cage. Au microscope, on s'est aperçu que ce n'était pas le nombre de leurs cellules nerveuses qui avait augmenté mais plutôt la taille de chaque neurone qui s'était allongée d'à peu près 13%. Leur réseau nerveux était plus complexe. En outre, ils dormaient mieux.
Peut-être que si le cinéma populaire est souvent celui qui a montré des héros confrontés à des situa-

tions de plus en plus complexes, dans des décors de plus en plus grandioses donc plus riches, ce n'est pas un hasard. Le rêve de l'homme est de se retrouver dans un univers d'épreuves à surmonter. Le héros qui « agit » est un héros qui complexifie son cerveau. Les héros qui ne font que parler à table n'ont pas cette valeur exemplaire.
Il faut surtout bien déduire de cette expérience que le cerveau ne s'use que si l'on ne s'en sert pas.

Palindrome

« Dis beau lama t'as mal au bide ? » et « Élu par cette crapule » sont des palindromes. On peut les lire dans les deux sens. Si on enregistre une de ces deux phrases et qu'on la passe à l'envers avec un magnétophone, on entend la même phrase qu'à l'endroit.

Communication originelle

Au XIIIe siècle, l'empereur Frédéric II voulut faire une expérience pour savoir quelle était la langue « naturelle » de l'être humain. Il installa six bébés dans une pouponnière et ordonna à leurs nourrices de les alimenter, de les endormir, de les baigner, mais surtout… de ne jamais leur parler. Frédéric II espérait ainsi découvrir quelle serait la langue que ces bébés sans influence extérieure choisiraient naturellement. Il pensait que ce serait le grec ou le latin, seules langues originelles pures à ses

yeux. Cependant l'expérience ne donna pas le résultat escompté. Non seulement aucun bébé ne se mit à parler un quelconque langage mais tous les six dépérirent et finirent par mourir.
Les bébés ont besoin de communication pour survivre. Le lait et le sommeil ne suffisent pas. La communication est aussi un élément indispensable à la vie.

Œuf cuit

On peut déterminer si un œuf est cru ou s'il est cuit en le faisant tourner. On l'arrête avec le doigt, puis on relâche. L'œuf cuit demeurera immobile, l'œuf cru continuera de tourner. Parce que le fluide à l'intérieur de sa coquille poursuit son mouvement rotatif.

Vieillard

En Afrique, on pleure la mort d'un vieillard plus que la mort d'un nouveau-né. Le vieillard constitue une masse d'expériences qui peuvent profiter au reste de la tribu alors que le nouveau-né, n'ayant pas vécu, n'arrive même pas à avoir conscience de sa propre mort. En Europe, on pleure le nouveau-né car on se dit qu'il aurait sûrement pu faire des choses fabuleuses s'il avait vécu. On porte en revanche peu d'attention à la mort du vieillard. On considère que, de toute façon, il a déjà profité de la vie.

Définition de l'homme

Avec tous ses membres développés, un fœtus de six mois est-il déjà un homme ? Si oui, un fœtus de trois mois est-il un homme ? Un œuf à peine fécondé est-il un homme ? Un malade dans le coma, qui n'a pas repris conscience depuis six ans, mais dont le cœur bat et les poumons respirent, est-il encore un homme ? Un cerveau humain, vivant mais isolé dans un liquide nutritif, est-il un homme ? Un ordinateur capable de reproduire tous les mécanismes de réflexion d'un cerveau humain est-il digne de l'appellation d'être humain ? Un robot extérieurement similaire à un homme et doté d'un cerveau similaire à celui d'un homme est-il un être humain ? Un humain clone, fabriqué par manipulation génétique afin de constituer une réserve d'organes pour pallier d'éventuelles déficiences de son frère jumeau, est-il un être humain ?
Rien n'est évident. Dans l'Antiquité et jusqu'au Moyen Age, on a considéré que les femmes, les étrangers et les esclaves n'étaient pas des êtres humains. Normalement, le législateur est censé être le seul capable d'appréhender ce qui est et ce qui n'est pas un « être humain ». Il faudrait lui adjoindre des biologistes, des philosophes, des informaticiens, des généticiens, des religieux, des poètes, des physiciens. Car, en vérité, la notion d'« être humain » va devenir de plus en plus difficile à définir.

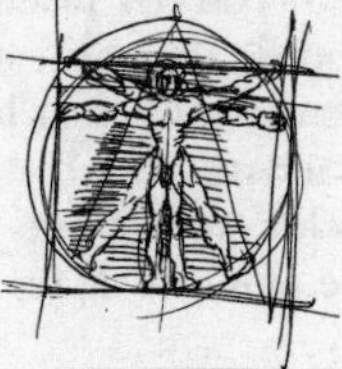

Jeu des trois cailloux

C'est un jeu ancien qu'on retrouve dans plusieurs pays européens sous différentes dénominations. On peut y jouer à autant de joueurs qu'on le souhaite et il ne nécessite comme matériel que trois cailloux, ou trois allumettes, ou trois pièces, ou trois morceaux de papier. Enfin, dernier avantage, la règle est des plus simples. Mais plus on y joue, plus on constate qu'il peut atteindre le niveau de subtilité du bluff au poker et tenir de la stratégie des échecs.

Chaque joueur prend trois cailloux et les dissimule dans son dos. Au signal donné, les joueurs tendent leur poing droit avec, à l'intérieur, zéro, un, deux ou trois cailloux. Chacun annonce alors à tour de rôle combien il estime qu'il y a de cailloux en jeu, si l'on additionne le contenu de tous les poings fermés. L'annonce peut aller de zéro à six pour deux joueurs. De zéro à neuf pour trois joueurs, de zéro à 12 pour quatre joueurs et ainsi de suite.

Une fois un chiffre énoncé par un joueur dans un tour, aucun autre ne peut proposer le même avant le tour suivant. C'est un peu comme pour les places de parking, le premier qui parle et qui choisit un chiffre occupe la place. Une fois que chacun a donné son chiffre, tout le monde ouvre sa main et on additionne les cailloux pour voir qui a trouvé le bon chiffre. Si aucun des joueurs n'est tombé juste, on recommence. Si l'un des joueurs trouve le bon chiffre, il jette l'un de ses trois cailloux et ne joue donc plus qu'avec deux. Ce sera lui qui parlera en premier au tour suivant.

Le gagnant est celui qui a gagné trois fois et s'est donc débarrassé le plus vite de ses trois cailloux.

Sondage

On estime qu'il y a chez les humains 100 millions de rapports sexuels par jour et que 910 000 d'entre eux aboutissent à une conception. 25% des conceptions ne sont pas désirées. 50% ne sont pas prévues. Par ailleurs, 356 000 transmettent une MST.

Noosphère

L'hémisphère gauche de notre cerveau est dévolu à la logique, c'est le cerveau du chiffre. L'hémisphère droit de notre cerveau est dévolu à l'intuition, c'est le cerveau de la forme. Pour une même information, chaque hémisphère aura une perception différente pouvant déboucher sur des conclusions absolument contraires.

Pour une même information, chaque hémisphère aura une perception différente

Il semblerait que, la nuit seulement, l'hémisphère droit, conseiller inconscient, par l'entremise des rêves donne son avis à l'hémisphère gauche, réalisateur conscient, à la manière d'un couple dans lequel la femme, intuitive, glisserait furtivement son opinion à son mari, matérialiste.

Selon le savant russe Vladimir Vernadski (aussi inventeur du mot « biosphère ») et le philosophe français Teilhard de Chardin, ce cerveau droit intuitif serait doté d'un autre don encore, celui de pouvoir se brancher sur ce qu'ils nomment la « noosphère ». La noosphère pourrait être représentée comme un grand nuage cernant la planète tout comme l'atmosphère. Ce nuage sphérique immatériel serait composé des inconscients humains émis par les cerveaux droits. Le tout constituerait un grand ensemble, l'Esprit humain global en quelque sorte.

C'est ainsi que nous croyons imaginer ou inventer des choses, alors qu'en fait c'est tout simplement notre cerveau droit qui va les chercher dans la noosphère. Et lorsque notre cerveau gauche écoute attentivement notre cerveau droit, l'information passe et débouche sur une idée apte à se concrétiser en actes. Selon cette hypothèse, un peintre, un musicien, un inventeur ou un romancier ne seraient donc que cela : des récepteurs radio capables d'aller avec leur cerveau droit puiser dans l'inconscient collectif puis de laisser communiquer hémisphères droit et gauche suffisamment librement pour qu'ils parviennent à mettre en œuvre ces concepts qui traînent dans la noosphère à la disposition de tous.

Insulte

Il est intéressant de connaître les étymologies des insultes. Souvent, elles sont moins péjoratives qu'on ne le pense. En voici quelques exemples.

Idiot : signifie particulier, différent des autres. D'où le mot « idiome », qui est une particularité d'une langue.

Imbécile : vient du préfixe *bacillum*, qui signifie « sans soutien, sans bâton ». L'imbécile est celui qui

ne marche pas d'une manière assurée car il ne s'aide pas de béquille, mais au moins il ne s'appuie sur personne. En fait, un imbécile est une personne autonome qui n'utilise pas de soutien extérieur pour avancer.
Stupide : du latin *stupidus*. Qui signifie « étonné, frappé de stupeur ». Le stupide est celui qui s'étonne de tout. Donc qui a conservé sa capacité d'émerveillement face à la nouveauté. Il est le contraire du blasé.

Placenta

Chez de nombreuses tribus d'Afrique on estime que le placenta ne doit pas être jeté à la naissance de l'enfant. On le considère comme étant frère jumeau ou frère cosmique du nouveau-né. On l'enterre donc dans une véritable tombe. Si l'enfant tombe malade, ses parents l'assiéront sur la tombe de son placenta afin qu'il reprenne contact avec son jumeau cosmique.

Premier maître du monde

La Chine du IIIe siècle avant J.-C. était divisée en trois royaumes qui se faisaient en permanence la guerre : le T'sin, le Tchou et le Tchao. Parallèlement, l'industrie métallurgique se développait, les communautés agricoles éclataient, les gens se regroupaient dans des structures plus grandes pour mieux profiter des machines : c'était l'exode rural. Qui dit peuplement des villes, dit naissance d'une

classe bourgeoise intellectuelle et d'universités. Or l'apparition des étudiants en droit généra un système inconnu jusque-là : la tyrannie absolue. Les étudiants en droit constituèrent un groupe, les légistes, qui voulut établir l'État Absolu Parfait.
Ils poussèrent donc le roi Zheng de Qin, qui prit le nom de Shi Huangdi, lequel signifie « premier empereur » à expérimenter tous les pouvoirs de sa fonction. Les légistes débordèrent d'idées. Ils voulaient inventer la « loi réflexe ». Qu'est-ce que la loi réflexe ? C'est une loi qui n'est ni orale ni écrite, c'est une loi inscrite dans le corps de telle manière qu'il est impossible de ne pas lui obéir. Comment rendre la loi réflexe ? Par la terreur. Les légistes inventèrent le concept de supplice chinois. C'est une punition si horrible que tout le monde retient instantanément la loi à respecter et craint de commettre un délit. La torture va devenir une science, les bourreaux des stars, il se crée même une école de torture. Normalement, quelques supplices publics suffisaient à informer le peuple des nouvelles lois, mais il fut instauré des délais de tournées des bourreaux afin que le peuple n'ait pas le temps de les oublier. Les légistes rivalisaient d'idées originales. Après la « loi réflexe », ils lancèrent « l'interdiction de penser ». En 213 avant J.-C. est promulgué un édit de Shi Huangdi signalant que les livres sont des objets terroristes. Lire un livre c'est porter atteinte à la sûreté du gouvernement. D'ailleurs les légistes vont encore plus loin : l'intelligence est officiellement décrétée ennemie numéro un de l'État. Nul n'a le droit d'être intelligent. Les légistes proclament que toute personne qui pense agit forcément contre l'empereur. Or, comment empêcher les gens de penser ? Les légistes redoublent d'initiatives et

trouvent une réponse : en les saoulant de travail. Il fallait que nul n'ait de répit, car le répit est source de réflexion. La réflexion mène à la rébellion, la rébellion au supplice. Autant prendre le problème à la racine.
La population était quadrillée et s'autosurveillait. La délation devint obligatoire. Ne pas dénoncer constituait un délit grave. Le circuit de délation s'établit ainsi : cinq familles formaient une brigade. A l'intérieur de chaque brigade, un surveillant officiel était chargé de faire régulièrement son rapport. Un surveillant officieux secret était chargé de surveiller le surveillant officiel. La boucle était ainsi bouclée. Cinq brigades formaient un hameau. A chaque échelon, si on apprenait que la délation n'avait pas fonctionné, tout le groupe en était tenu pour responsable.
Les légistes établirent une administration hors pair extrêmement compartimentée. Mais Shi Huangdi retint si bien la leçon de ses légistes qu'il devint paranoïaque. Il exigea à tout moment enquête et contre-enquête sur ses sujets. N'ayant confiance finalement en aucun des légistes, il créa une police d'enfants (donc d'êtres au-dessus de tout soupçon), chargée de surveiller les fonctionnaires adultes et de dénoncer ces deux fléaux que sont les réactionnaires et les progressistes. Pour que ce système totalitaire fonctionne parfaitement, l'administration ne devait aller ni en avant ni en arrière, elle devait tout faire pour que tout reste immobile.
Ayant vaincu les deux royaumes voisins, l'empereur Shi Huangdi, en pleine crise de mégalomanie, s'autoproclama maître du monde. Il faut préciser qu'à l'époque, pour les Chinois, le monde s'arrêtait à la mer de Chine à l'est et à l'Himalaya à l'ouest. Ils

pensaient qu'au-delà de ces deux obstacles naturels (montagne et océan) ne vivaient que des barbares et des animaux sauvages. Ces rapides victoires ne suffirent cependant pas à calmer le maître du monde. Voyant son armée devenue inutile après ses conquêtes, il se lança dans de grands projets. Il entreprit la construction de la Grande Muraille de Chine. Le chantier n'était au début qu'une sorte de camp de travail pour intellectuels mais bien vite il se transforma en bon moyen de réguler la population. On estime que des millions de Chinois trouvèrent la mort dans l'édification de cet ouvrage. Un peu plus tard, Shi Huangdi fit massacrer une bonne partie de son harem et l'ensemble de ses ministres légistes ; il demanda ensuite à son maître horloger de lui fabriquer des automates en métal, seuls subordonnés dont il était assuré qu'ils ne le trahiraient jamais. Ces robots humanoïdes (préfigurant la science-fiction moderne) étaient des merveilles de technologie pour l'époque. Ils fonctionnaient avec des systèmes d'écoulement d'eau et de rouages à créneaux qui se déclenchaient les uns après les autres. C'était probablement la première fois que quelqu'un cherchait délibérément à remplacer l'homme par la machine.

Cependant, Shi Huangdi n'était toujours pas satisfait. Il ne lui suffisait plus d'être un maître du monde, il voulait aussi être immortel. Il décida donc de préserver son sperme (au moment de l'éjaculation, une petite ficelle lasso empêchait le sperme de sortir et l'énergie vitale

Il ne lui suffisait plus d'être un maître du monde il voulait aussi être immortel.

revenait ainsi dans le corps) et il introduisit de l'oxyde de mercure dans tous ses aliments. Ce produit chimique était à l'époque considéré comme susceptible de permettre de vivre plus longtemps. Conséquence : l'empereur mourut en fin de compte d'un empoisonnement. La terreur qu'il avait instaurée de son vivant demeura pourtant si puissante que son cadavre fut honoré, « nourri » et respecté jusqu'à ce que l'odeur devienne absolument pestilentielle.

Mue

Pendant la mue le serpent est aveugle. Par analogie, on ne peut pas être vraiment conscient de tout ce qui se passe pendant une phase de changement.

Poissons Cyclidae

Le lac Tanganyika en Tanzanie est l'un des grands lacs de montagne apparus tardivement sur la terre. Une faune étrange, issue de nulle part, s'y est rapidement répandue, présentant des mœurs bizarres inconnues ailleurs. Les poissons Cyclidae du lac Tanganyika ont par exemple des comportements territoriaux complexes qu'on ne pensait connaître jusque-là que chez les mammifères sociaux. Ainsi, certaines espèces de Cyclidae ont des mâles qui définissent les territoires, un peu comme les loups ou les lions, si ce n'est qu'ils n'urinent pas aux quatre coins pour les délimiter.

Dans ces territoires, ils bâtissent un château de sable semblable à une tour pointue. Ils l'érigent en ramassant avec leur bouche du sable et en l'empilant jusqu'à former un cratère. Puis ils vont chercher les femelles et leur font visiter leur « manoir ». Plus le château sera élevé, plus la femelle sera séduite et acceptera la semence du mâle. Le problème, c'est que le lac Tanganyika est parcouru de courants très puissants. Si bien que ces courants arrachent les sommets des tours les plus élevées. L'astuce, pour un bon architecte Cyclidae du lac Tanganyika, consiste donc à amener au plus vite la femelle visiter son château avant qu'il ne s'effondre sous les coups de boutoir des courants.

Culte des morts

Le premier élément définissant une civilisation « pensante » est le culte des morts. Tant que les hommes jetaient leurs cadavres avec leurs immondices, ils n'étaient que des bêtes. Le jour où ils commencèrent à les ensevelir ou à les brûler, quelque chose d'irréversible se produisit. Prendre soin de ses morts, c'est concevoir l'existence d'un au-delà, d'un monde invisible se superposant au monde visible. Prendre soin de ses morts, c'est envisager la vie comme un simple passage entre deux dimensions. Tous les comportements religieux découlent de là.

Le premier culte des morts est recensé au paléolithique moyen, il y a de cela cent vingt mille ans. A cette époque, certaines tribus d'hommes se sont mises à enterrer leurs cadavres dans des fosses de 1,40 m × 1 m × 0,30 m.

Les membres de la tribu déposaient à côté du défunt des quartiers de viande, des objets en silex et les crânes des animaux qu'il avait chassés. Il semble que ces funérailles s'accompagnaient d'un repas pris en commun par l'ensemble de la tribu.
Chez les fourmis, notamment en Indonésie, ont été repérées quelques espèces qui continuent de nourrir leur reine défunte plusieurs jours après son décès. Ce comportement est d'autant plus surprenant que les odeurs d'acide oléique dégagées par la morte leur ont obligatoirement signalé son état.

Carrés magiques

Comment faire un carré de trois cases sur trois et y introduire des chiffres allant de 1 à 9 de manière qu'ils composent dans tous les sens, même en diagonale, le nombre 15 ?
Gaffarel, célèbre kabbaliste français, bibliothécaire de Richelieu, était un passionné de carrés magiques. Il a porté l'étude de ce jeu d'esprit au niveau d'une science complète. Le premier carré magique connu est celui de 15. Il faut disposer 1, 2, 3, 4, 5, 6, 7, 8, 9 dans un carré de neuf cases et ce, de manière qu'en additionnant tous les chiffres d'une colonne, d'une ligne ou d'une diagonale, on retombe sur la même somme.
Comment trouver la solution ? Lorsqu'on regarde les chiffres allant de 1 à 9, on s'aperçoit qu'ils gravitent tous autour de l'axe central du 5. D'ailleurs si l'on prend le 5 pour pivot, on peut tracer des lignes de correspondance entre les chiffres. 1 correspond à 9 et leur addition donne 10. 2 va vers 8

et leur addition donne 10, 3 va vers 7 et leur addition donne 10, 4 va vers 6 et leur addition donne 10.

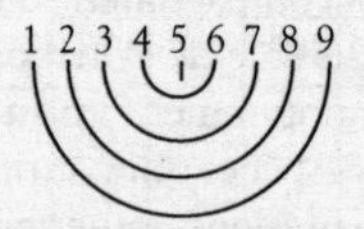

5 est le pivot et tout tourne autour de lui.
Tous les chiffres mariés font 10, avec le 5 comme axe fixe, on obtient donc partout 15. On peut donc placer le 5 au centre du carré magique et les chiffres en danse tout autour. Il faut juste éviter d'inscrire le 9 et le 1 dans les angles où leur action trop forte pour le premier et trop faible pour le second agirait sur les diagonales. On obtient alors :

4	9	2
3	5	7
8	1	6

On nomme cette figure le carré de 3, ou sceau de Saturne, ou sceau de l'ange Qasfiel. On peut ensuite agrandir ce carré bourgeon pour former des structures de plus en plus complexes.
Voici pour les plus calés le plus grand ensemble, le carré de 9, dit sceau de la Lune ou sceau de Gabriel. Il fait 369 sur toutes ses verticales, toutes ses obliques et toutes ses horizontales additionnées.

37	78	29	70	21	62	13	54	5
6	38	79	30	71	22	63	14	46
47	7	39	80	31	72	23	55	15
16	48	8	40	81	32	64	24	56
57	17	49	9	41	73	33	65	25
26	58	18	50	1	42	74	34	66
67	27	59	10	51	2	43	75	35
36	68	19	60	11	52	3	44	76
77	28	69	20	61	12	53	4	45

Observez ce territoire de nombres. On y repère des méridiens étranges comme sur une planète. La diagonale des nombres à un seul chiffre part du 6 pour zébrer la figure. La verticale des nombres qui se termine sur 1 est placée juste au centre comme un équateur. Et sur les côtés, chaque fois, un chiffre de plus se dégrade...

Quelques révoltes peu connues

Les anabaptistes. Cette révolte a commencé en 1525 dans la vallée du Rhin. Les anabaptistes, dirigés par Thomas Müntzer, étaient des protestants hérétiques bien plus radicaux que Luther ou Calvin. Ils prônaient l'égalité entre tous les hommes devant Dieu. On les appelait anabaptistes parce qu'ils considéraient

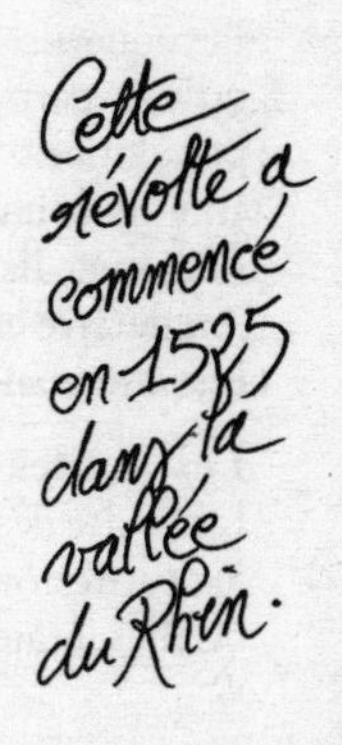

stupide de baptiser des enfants, seuls les adultes pouvaient être baptisés car eux seuls étaient conscients de leur choix. Les paysans de la vallée du Rhin adhérèrent à cette philosophie : pas de maître, pas de clergé, tous en rapport direct avec Dieu. Cela ne fut pas du tout du goût de l'Église et de l'aristocratie allemande. Elles s'unirent pour monter une armée qui massacra les anabaptistes à la bataille de Frankenhausen. Thomas Müntzer fut torturé et décapité.
L'aventure anabaptiste ne finit pas là. Il y eut des survivants et, quelques années plus tard, Jean de Leyde, un Néerlandais, relança le mouvement. Ils prirent la ville de Münster par la ruse en y infiltrant de nuit leurs partisans et en la fortifiant. La ville fut aussitôt cernée par l'armée de l'évêque et vécut un an de siège. A l'intérieur, les résistants s'organisèrent sous le régime anabaptiste. Mais le pouvoir rend fou. Jean de Leyde finit par se comporter comme un tyran, prenant toutes les femmes et commençant à faire régner la terreur parmi ses propres troupes. Il fut finalement trahi par trois de ses soldats qui, lassés, permirent aux troupes de l'évêque de s'emparer de la tour principale de la ville, à partir de laquelle elles purent massacrer la population.
Il y eut encore des survivants au massacre de Münster. Ils se rendirent en Hollande, puis en Angleterre et, de là, aux États-Unis où ils ont donné naissance au mouvement… amish.

Les petites oreilles. Au XVIIe siècle, se produisit la révolte des habitants de l'île de Pâques qui opposa les petites oreilles aux longues oreilles. Les longues oreilles étaient les nobles, les petites oreilles les basses classes qui travaillaient à ériger les fameuses statues. Les petites oreilles se sont révoltées et ont tué et mangé les longues oreilles. Puis les habitants ont cessé d'ériger les statues et se sont laissés dépérir. Un film en a été tiré (*Rapa Nui*).

Les qarmates. Au Xe siècle, les qarmates étaient des chiites hérétiques en révolte contre le dogme musulman. Ils considéraient qu'il n'y avait pas besoin de prêtres, de mosquées ou de lieu de prière, étant donné qu'Allah était partout, tout le monde pouvait s'adresser à lui directement. Les qarmates étaient très riches car ils attaquaient et pillaient les caravanes de pèlerins se rendant à La Mecque. Ils parvinrent même à voler la Pierre Noire sacrée de La Mecque. Mais comme ils agaçaient tout le monde, leurs adversaires s'unirent pour les massacrer.

Les song. C'est dans cette dynastie mongole que l'on trouva quelques hurluberlus dont un tenta de partir pour la Lune (cf. « Voyage vers la Lune, p. 63 ») et un autre voulut monter sa propre montagne. Il en fit bâtir une énorme rien que pour lui et chercha à reproduire à son sommet toute la Chine en taille réduite. Il fit donc venir les arbres, les pierres, les plantes, les animaux de toutes les régions du pays pour se tailler son petit monde personnel miniature. Lui seul avait le droit de visiter cette montagne. Pendant plusieurs années, toute l'énergie de la Chine fut uniquement consacrée à ce délire.

Les ming. En Chine, pratiquement chaque dynastie est née d'une révolte. Le premier empereur ming, par exemple, était un paysan de basse extraction ; il devint moine itinérant, puis brigand, puis monta

Chercha à reproduire à son sommet toute la Chine en taille réduite.

une secte révolutionnaire anti-mongole. Sa secte, devenue une armée, a éliminé le dernier empereur mongol de la dynastie des Yuan en 1368.

Les futuristes. Avec la guerre de 14-18, toutes sortes de mouvements artistiques naissent un peu partout : les dadaïstes en Suisse, les expressionnistes en Allemagne, les surréalistes en France et les futuristes en Italie et en Russie. Ces derniers étaient des peintres, des poètes, des écrivains, des philosophes, qui avaient pour point commun leur admiration des machines, de la vitesse, et de manière générale de la technologie moderne. Le chef de file des futuristes italiens se nommait Marinetti. Il pensait que l'homme serait sauvé par la machine. D'ailleurs les futuristes montaient des pièces de théâtre où des acteurs déguisés en robots sauvaient les humains. A l'approche de la Seconde Guerre mondiale, les futuristes italiens avaient déjà adhéré massivement au parti du principal représentant des machines : le dictateur italien Benito Mussolini. Après tout, il faisait construire des tanks et des machines de fer pour la guerre et son action leur semblait représenter dignement la pensée moderne. En Russie, les futuristes adhérèrent pour les mêmes raisons au parti communiste. Dans les deux cas, sitôt récupérés par ces idéologies extrêmes, ils furent mis au service de la propagande, puis éliminés dès qu'ils ne furent plus d'aucune utilité, les Italiens par Mussolini, les Russes par Joseph Staline.

Ménagement

Aux jeux de stratégie, il faut toujours ménager une part de défaite dans la victoire. Une vraie victoire ne s'effectue que de justesse. Au jeu de go par exemple, l'idéal est de vaincre d'un point. Si la victoire est trop écrasante, cela enlève du mérite au gagnant et sous-entend que la partie n'aurait même pas dû se dérouler. En outre, une victoire trop écrasante humilie l'adversaire et peut lui donner envie de se venger en trichant la fois suivante. Lorsque la partie est déjà entamée et qu'on s'aperçoit que son adversaire n'est pas à la hauteur, il faut lui venir en aide pour qu'il puisse remonter.

Trinquer

Trinquer est une tradition franque. En trinquant chacun devait faire tomber une goutte de son verre dans celui de l'autre. On lui prouvait ainsi qu'on n'y avait pas introduit de poison. Plus on tapait fort, plus il y avait de chance d'échanger un peu de son vin en le répandant et donc plus on était considéré comme honnête.

Sator

Le carré magique de SATOR est le plus ancien carré de lettres. On en a retrouvé un à Pompéi, sur des châteaux forts et sur de multiples monuments de cultures diverses.

Les chrétiens cherchent à prouver qu'il forme *pater noster* mais ça ne marche pas. D'après l'alphabet grec :

S A T O R : le semeur ou le créateur.
A R E P O : à partir de la reptation, pousse plante.
T E N E T : tu possèdes.
O P E R A : mise en œuvre.
R O T A S : des roues.

Le semeur à partir de la reptation ou de la pousse des plantes tient la mise en œuvre des roues de l'univers. C'est le palindrome parfait, il se lit à l'envers ou à l'endroit.

Arômes

Il faut douze heures pour qu'une rose exprime tous les arômes de son parfum.

Stratégie du choix

L'une des manières d'induire un choix est de proposer trois éléments inacceptables plus celui qu'on veut faire accepter. Il suffit ensuite de se livrer… à des concessions sur les éléments inacceptables et ce qu'on souhaitait voir approuver va alors de soi.

Hydromel

L'homme et la fourmi savent fabriquer de l'alcool de miel. Le miellat de puceron est utilisé par la fourmi, le miel d'abeille par l'homme. Cela se nomme l'hydromel. C'était jadis la boisson des dieux de l'Olympe en Grèce et des druides en Gaule. Recette de la boisson des dieux : faire bouillir 6 kg de miel d'abeille, l'écumer, le recouvrir de 15 litres d'eau, plus 25 g de gingembre en poudre, 15 g de cardamome, 15 g de cannelle. Laisser bouillir jusqu'à ce que le mélange soit réduit d'un quart environ. Sortir du feu et laisser tiédir. Puis ajouter 3 cuillerées de levure et laisser reposer le tout pendant douze heures. Passer ensuite le liquide en le versant dans un tonnelet de bois. Bien fermer et mettre au frais deux semaines environ. Verser enfin en bouteilles, fermer hermétiquement avec un bouchon muni d'un fil de fer et descendre à la cave où on alignera les bouteilles en position couchée. Ne pas boire avant deux mois.

Clavecin de lumière

En 1730, le père jésuite Castel émit une théorie faisant correspondre les sons et les couleurs. Selon lui, le bleu était la couleur de Dieu car la couleur du ciel. Dieu étant la note de départ, le *do*, première note de l'octave, correspondait au bleu. Et ainsi de suite. Castel construisit un clavecin oculaire capable de projeter des combinaisons de couleurs. Pour disposer d'assez de lumière, il était nanti de 60 lucarnes, une par touche de clavier, elles-mêmes éclairées par 500 chandelles. L'art de faire de la musique avec des couleurs fut plus tard baptisé « la lumia ». Une symphonie, le *Prométhée ou le poème du feu*, fut écrite en 1910 par le compositeur russe Alexandre Skriabine. C'était un véritable « cinesthéticien », c'est-à-dire qu'il voyait des couleurs dès qu'il entendait de la musique. Il joua cette symphonie devant un public dont il avait exigé au préalable qu'il soit habillé de blanc afin que les vêtements absorbent les couleurs durant toute la durée du concert.

Temple de Salomon

Le temple du roi Salomon à Jérusalem était un modèle de formes géométriques parfaites. Quatre plates-formes représentaient les quatre mondes qui forment l'existence :

Le monde matériel : le corps.
Le monde émotionnel : l'âme.
Le monde spirituel : l'intelligence.
Le monde mystique : la part de divinité qu'il y a en chacun de nous.

Au sein du monde divin, trois portiques étaient censés représenter :

La Création.
La Formation.
L'Action.

Le monument avait pour forme générale un grand rectangle de cent coudées de longueur sur cinquante coudées de largeur et trente coudées de hauteur. Situé au centre, le temple mesurait trente coudées de longueur sur dix coudées de largeur. Au fond du

temple était placé le cube parfait du Saint des Saints. Dans le Saint des Saints était disposé l'autel en bois d'acacia. Il était aussi parfaitement cubique avec des arêtes de cinq coudées. Déposés sur sa surface, douze pains représentaient chaque mois de l'année. Au-dessus, le chandelier à sept branches symbolisait les sept planètes.
D'après les textes anciens et notamment ceux de Philon d'Alexandrie, le temple de Salomon est une figure géométrique calculée pour former un champ de forces. Au départ, le nombre d'or est la mesure de la dynamique sacrée. Le tabernacle est censé condenser l'énergie cosmique. Le temple est conçu comme un lieu de passage entre deux mondes : le visible et l'invisible.

Le dilemme du prisonnier

En 1950, Melvin Dresher et Merrill Flood découvrent le dilemme du prisonnier. Voici son énoncé : deux suspects sont arrêtés devant une banque et enfermés dans des cellules séparées. Pour les inciter à avouer leur projet de hold-up, la police leur fait une proposition : si aucun des deux ne parle, ils seront condamnés à deux ans de prison chacun. Si l'un dénonce l'autre et que l'autre ne dit rien, le délateur est libéré, celui qui se tait condamné à cinq ans de prison. Si chacun des deux dénonce son partenaire, les deux écoperont de quatre ans de prison. Chacun sait que l'autre s'est vu offrir le même marché.
Que se passe-t-il ? Tous deux pensent : « Je suis sûr que l'autre va craquer. Il va me dénoncer et je vais

en prendre pour cinq ans alors que lui sera libre, c'est vraiment trop injuste. » Une même idée leur vient donc à l'esprit : « Mais si moi je le dénonce, je serai sans doute libéré et il ne sert à rien que nous soyons châtiés tous les deux alors que l'un de nous peut s'en tirer. » De fait, confrontés à cette situation, la grande majorité des sujets testés dénoncent bien vite l'autre. Étant donné que leur comparse a raisonné de son côté de la même manière, tous les deux se retrouvent avec les quatre ans d'incarcération sur le dos.

Pourtant, s'ils avaient mieux réfléchi, ils auraient tous les deux conservé le silence et purgé seulement deux années de prison.

Plus étrange encore : si l'on tente de nouveau l'expérience en autorisant les deux suspects à discuter librement ensemble, on arrive au même résultat. Les deux hommes, même après avoir mis au point une stratégie commune, finissent par se trahir mutuellement. Tout le problème provient du fait que les humains sont incapables de se faire entièrement confiance les uns les autres.

Je ne sais pas ce qui est bon et ce qui est mauvais

(Petit conte zen.) Un fermier reçoit en cadeau pour son fils un cheval blanc. Son voisin vient vers lui et lui dit : « Vous avez beaucoup de chance. Ce n'est pas à moi que quelqu'un offrirait un aussi beau cheval blanc ! » Le fermier répond : « Je ne sais pas si c'est une bonne ou une mauvaise chose... »

Plus tard, le fils du fermier monte le cheval et celui-ci rue et éjecte son cavalier. Le fils du fermier se brise la jambe. « Oh, quelle horreur ! dit le voisin. Vous aviez raison de dire que cela pouvait être une mauvaise chose. Assurément, celui qui vous a offert le cheval l'a fait exprès pour vous nuire. Maintenant votre fils est estropié à vie ! » Le fermier ne semble pas gêné outre mesure. « Je ne sais pas si c'est une bonne ou une mauvaise chose », lance-t-il.
Là-dessus la guerre éclate et tous les jeunes sont mobilisés, sauf le fils du fermier avec sa jambe brisée. Le voisin revient alors et dit : « Votre fils sera le seul du village à ne pas partir à la guerre, assurément il a beaucoup de chance. » Et le fermier de répéter : « Je ne sais pas si c'est une bonne ou une mauvaise chose. »

Culte féminin

A l'origine de la plupart des civilisations, se trouvent des cultes de la déesse mère, célébrés par des femmes. Leurs rites étaient fondés sur les trois événements essentiels de la vie d'une femme : 1. les règles ; 2. l'enfantement ; 3. la mort. Par la suite, les hommes ont tenté de copier ces religions primitives. Les prêtres ont emprunté les robes longues des femmes.
Les chamans de Sibérie, de même, persistent à s'habiller en femmes pour leur initiation et, dans tous les cultes, on retrouve une déesse mère fondatrice.
Pour mieux promouvoir la religion catholique auprès des peuples païens, les premiers chrétiens ont mis en avant la Vierge Marie, l'originalité de cette nouvelle déesse étant d'être une déesse vierge.

Ce n'est qu'au Moyen Age que le christianisme a choisi de couper les liens avec les cultes féminins d'antan. Ordre a été donné de pourchasser en France les adorateurs des « vierges noires », les bûchers ont partout fleuri pour les « sorcières » (beaucoup plus que pour les « sorciers »).

Alors que les femmes vivent chaque mois dans leur corps un enseignement.

Les hommes ont cherché à évacuer les femmes du domaine mystique. Ils ont ainsi inventé un cérémonial typiquement masculin : la guerre. Cependant la mystique ne pourra jamais demeurer totalement masculine. La plupart des peurs proviennent de l'incapacité des hommes à accepter des phénomènes qui ne vont pas toujours dans la même direction. Alors que les femmes vivent chaque mois dans leur corps un enseignement. Le cycle de construction est suivi d'un cycle de destruction puis d'un nouveau cycle de reconstruction. Voilà ce qu'est la perception « pulsée » de l'univers.

Chacun sa place

Selon le sociologue Philippe Peissel, les caractères féminins présentent quatre tendances :

1. les mères,
2. les amantes,
3. les guerrières,
4. les initiatrices.

Les mères accordent par prédilection l'importance

au fait de fonder une famille, d'avoir des enfants et de les élever. Les amantes aiment séduire et vivre de grandes histoires passionnelles. Les guerrières veulent conquérir des territoires de pouvoir, s'engager pour des causes ou des enjeux politiques. Les initiatrices sont les femmes tournées vers l'art, la spiritualité ou là guérison. Elles seront d'excellentes muses, éducatrices, doctoresses. C'étaient jadis les vestales.

Pour chaque personne, ces tendances sont plus ou moins développées. Le problème survient lorsqu'une femme ne se retrouve pas dans le rôle principal que la société lui impose. Si on force les amantes à être des mères, ou les initiatrices à être des guerrières, la contrainte génère parfois des clashs violents.

Chez les hommes, il existe aussi quatre positionnements préférentiels :

1. les agriculteurs,
2. les nomades,
3. les bâtisseurs,
4. les guerriers.

Dans la Bible, il y a Abel le nomade qui s'occupe des troupeaux et Caïn l'agriculteur qui s'occupe des moissons. Caïn tue Abel et comme punition Dieu lui dit : « Tu erreras sur la terre. » Caïn est contraint de devenir nomade alors qu'il est fondamentalement agriculteur. Il doit donc faire ce pour quoi il n'est pas fait. Et c'est là sa grande douleur.

La seule combinaison apte à entraîner un mariage durable est « mère/agriculteur ». Les deux étant dans un souhait d'immobilisme et de durée. Toutes les autres combinaisons peuvent donner lieu à de grandes passions, mais suscitent à la longue des conflits.

Le but d'une femme accomplie est d'être mère et amante et guerrière et initiatrice. Dès lors, on peut dire que la princesse est devenue reine. Le but d'un homme accompli est d'être agriculteur et nomade et bâtisseur et guerrier. Dès lors, on peut dire que le prince est devenu roi.
Et lorsqu'un roi accompli rencontre une reine accomplie, alors il se passe quelque chose de magique. Il y a et la passion et la durée. Mais c'est rare.

Grillons du métro

L'histoire des grillons parisiens commence en 1900. Nul ne sait comment ils sont montés à Paris. Sans doute ont-ils voyagé clandestinement dans des cageots de légumes ou d'épices. Débarqués dans la capitale, voici nos insectes aussi perdus que des provinciaux. La plupart meurent de froid. Les survivants squattent les endroits les plus chauds : fournils des boulangers et cuisines de grands-mères. Enfin un petit groupe découvre la Terre promise : le métro parisien. Au ras du sol, entre les rails, règne du fait des frottements des roues un climat quasi tropical. Le ballast, formé de roche éruptive, stocke les calories libérées par les rames. La température entre les rails est de 27 °C entre quatre et cinq heures du matin et de 34 °C entre dix-huit et vingt-trois heures. Les grillons se nourrissent des miettes, des détritus, des papiers gras, des brins de laine, et même des mégots qui traînent sur le ballast. Entre deux rames, les mâles stridulent pour attirer les femelles. Lorsque celles-ci s'approchent, les mâles se réunissent entre les rails pour se défier au chant. Ceux qui stridulent le plus fort font fuir les autres. Les grillons en viendront aux pattes si les mauvais chanteurs refusent de décamper. Puis les mâles et les femelles grillons restent là à attendre le métro. Quand la rame arrive, ils se planquent sous le rhéostat des voitures, là où l'air est le plus brûlant, pour se livrer à leur ébats torrides. C'est à la station Saint-Augustin qu'ils sont actuellement le plus nombreux et le plus faciles à observer. Ils ne craignent que deux choses : les araignées cracheuses de glu (Scytodes) et les grèves qui font refroidir les rails.

Proverbe chinois

Si quelqu'un t'a fait du mal, ne cherche pas à te venger ; assieds-toi au bord de la rivière et, bientôt, tu verras passer son cadavre.

Extraterrestres

Le plus ancien texte occidental mentionnant des extraterrestres est attribué à Démocrite, au IVe siècle avant J.-C. Il fait allusion à une rencontre entre explorateurs terriens et explorateurs non terriens sur une autre terre située au milieu des étoiles. Au IIIe siècle avant J.-C., Épicure note qu'il est logique qu'il existe ailleurs d'autres mondes peuplés de quasi-humains. Par la suite, ce texte inspira Lucrèce qui, dans son poème *De natura rerum*,

Si quelqu'un t'a fait du mal, ne cherche pas à te venger ; assieds-toi au bord de la rivière et, bientôt, tu verras passer son cadavre.

évoque la possibilité de l'existence de peuples non humains vivant très loin de la Terre.
Le texte de Lucrèce ne tomba pas dans l'indifférence générale. Aristote et plus tard saint Augustin tinrent à affirmer que la Terre était la seule planète habitée par des êtres vivants et qu'il ne pouvait en exister aucune autre car Dieu l'avait voulu ainsi.
Abondant dans ce sens, en 1277, le pape Jean XXI autorisa la condamnation à mort de toute personne mentionnant l'éventualité d'autres mondes habités. Le philosophe Giordano Bruno fut envoyé au bûcher, entre autres pour avoir soutenu cette thèse, et il fallut attendre quatre cents ans pour que les extraterrestres cessent d'être un sujet tabou.
Cyrano de Bergerac décrit, en 1657, l'*Histoire comique des États et Empires de la Lune*. Fontenelle y revient en 1686 avec *Entretiens sur la pluralité des mondes* et Voltaire en 1752 avec *Micromégas*, personnage de nain descendu de Saturne en touriste sur la Terre.
En 1898, H.G. Wells tire les extraterrestres de l'anthropomorphisme en leur donnant dans sa *Guerre des mondes* des aspects de monstres terrifiants aux allures de pieuvres montées sur vérins hydrauliques. En 1900, l'astronome américain Percival Lowell annonce avoir vu des réseaux de canaux d'irrigation sur Mars, preuve de l'existence d'une civilisation intelligente.
Dès lors, le terme d'extraterrestre perd de son côté fantasmagorique. Il faudra cependant attendre Steven Spielberg et son *E.T.* pour qu'ils deviennent synonymes de compagnons acceptables.

Janissaire

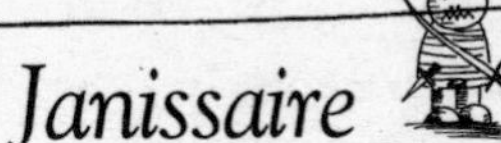

En 1329, le sultan Orkhan créa un corps d'armée un peu spécial appelé les janissaires (du turc *Yenitcheri* : nouvelle milice). L'armée janissaire avait une particularité : elle n'était formée que d'orphelins. En effet, les soldats turcs, quand ils pillaient un village arménien ou slave, recueillaient les enfants en très bas âge et les enfermaient dans une école militaire spéciale d'où ils ne pouvaient rien connaître du reste du monde.

Éduqués uniquement dans l'art du combat, ces enfants s'avéraient les meilleurs combattants de tout l'empire ottoman et ravageaient sans vergogne les villages habités par leur vraie famille. Jamais les janissaires n'eurent l'idée de combattre leurs kidnappeurs aux côtés de leurs parents. En revanche, leur puissance ne cessant de croître au sein même de l'armée turque, elle finit par inquiéter le sultan Mahmut II qui, de peur d'un coup d'État, les massacra et mit le feu à leur école en 1826.

Karma lasagne

Il m'est venu une idée bizarre. Le temps n'est peut-être pas linéaire mais « lasagnique ». Au lieu de se succéder, les couches de temps s'empilent. Dans ce cas, nous ne vivons pas une incarnation puis une autre, mais une incarnation ET simultanément une autre. Nous vivons peut-être simultanément mille vies dans mille époques différentes du futur et du passé. Ce que nous prenons pour des régressions ne sont en fait que des prises de conscience de ces vies parallèles.

Labo

Dans les journaux scientifiques, on ne signale que les expériences scientifiques réussies. Mais on devrait aussi signaler celles qui ne marchent pas. Faute d'information, celles-ci sont reproduites indéfiniment par d'autres savants ignorant leur échec...

Échecs

L'ancêtre de tous les jeux d'échecs, de tous les jeux de cartes et même de certains dominos, est un seul et unique jeu : le jeu de Shaturanga (mot sanscrit). Les plus anciennes traces de ce jeu remontent à environ mille ans avant J.-C., on pense qu'il est né dans le sud de l'Inde.
Il s'agit d'une sorte de jeu d'échecs à quatre. Chacun joue dans un coin. Les coups sont tirés au dé pour savoir qui va jouer. Le dé est un osselet. Et l'osselet porte sur ses facettes les noms des quatre principales castes hindoues.
La caste des prêtres est symbolisée par un vase, la caste des militaires par une épée, celle des paysans par un épi ou un bâton et celle des marchands par une pièce de monnaie.
Chaque couleur est soumise à une hiérarchie : vizir, ministre, éléphant, une tour, un chevalier et quatre pions. Le tout correspond à la fois aux pièces d'un échiquier et aux figures d'un jeu de cartes. Par la suite, les castes sont transformées en couleurs.
Bâton égale trèfle.
Pièce de monnaie égale carreau.
Vase égale cœur.

Épée égale pique.
(Aux échecs, l'invention de la reine est entièrement occidentale. De même, le canon est chinois. L'apparition de la reine dans le jeu d'échecs date de l'époque de Christophe Colomb. Elle symbolise le pouvoir de se déplacer tous azimuts. De fait, en Occident, on joue aux dames espagnoles.)
On ne sait pas d'où part cette subdivision en quatre. Peut-être des bases azotées ATGC gravées dans le plus profond de nos cellules.

Les cinq étapes de l'acceptation de sa mort

Elizabeth Kubbler Ross, qui a accompagné beaucoup de mourants dans leurs dernières heures, a repéré cinq grandes étapes qui se reproduisent souvent chez les individus condamnés par des maladies incurables.
1. Déni : le malade refuse sa mort. Il exige que son existence continue comme avant. Il parle de son retour à la maison après sa guérison.
2. Colère : révolte. Il importe de désigner un coupable.
3. Marchandage : il demande un répit. Au médecin, au destin, à Dieu. Il se fixe des dates : « Je veux vivre jusqu'à Noël… »
4. Dépression : toute énergie disparaît. Impression de renoncement. Il cesse de se battre.
5. Acceptation : dans les unités de soins palliatifs, celui qui va partir réclame alors les plus beaux tableaux, les plus belles musiques.

Pyramide

La forme pyramidale possède des propriétés étranges. Les Égyptiens, mais aussi les Aztèques et les Mayas, l'ont découverte et utilisée.

Si on place un objet au centre et aux deux tiers de la hauteur d'une pyramide, il subit, paraît-il, des modifications.

Si on place un objet au centre et aux deux tiers de la hauteur d'une pyramide, il subit, paraît-il, des modifications. Les fleurs sèchent sans perdre leur couleur, la viande s'y racornit sans pourrir.

Pour qu'une pyramide offre cette propriété, elle doit respecter un rapport de taille très précis. Si la hauteur fait 10 unités de mesure, la base doit en avoir 15,70, l'arête 14,94. Donc, une pyramide de 10 centimètres de haut nécessite une arête de 14,94 centimètres. Pour une pyramide de 10 mètres, il faut une arrête de 14,94 mètres, etc.

La pyramide, enfin, doit être orientée de manière que chaque côté soit placé face à un point cardinal.

Dernières rencontres

Dès le moment où un être humain meurt mais reste à l'air libre, mouches, vers et punaises se succèdent sur sa dépouille selon un ballet à la chorégraphie immuable. En général, les premières actrices sont les mouches Calliphora, dites aussi « mouches bleues ». Elles se régalent de nos chairs

fraîches, puis pondent leurs œufs dans les interstices de notre cadavre. Dès que nos muscles commencent à pourrir, elles s'en vont car elles détestent tout ce qui est en état de putréfaction.
Le relais est pris par les mouches vertes (Lucilia) qui, elles, adorent la chair un rien faisandée. Elles en mangent un peu et pondent très vite leur progéniture. Puis viennent les mouches grises (Sarcophaga), qui agissent de même. Ce n'est qu'une fois que les premières escadrilles de mouches ont opéré qu'apparaissent les premiers coléoptères : dermeste du lard et dermeste noir. Ils commencent le travail de nettoyage qui permettra à notre corps de se recycler dans mère nature. Ils mangent, donc. Puis arrivent les petites mouches piophiles, dont les larves avides de fermentation se trouvent aussi dans les fromages trop faits (style munster ou fromage corse). Enfin le ballet s'achève par les diptères ophyres, les nécrophores et même de minuscules araignées, chacun ne consommant que sa part et laissant intacte celle des suivants.
La connaissance de ce défilé peut s'avérer très utile en médecine légale. Il suffit d'observer l'action de chaque groupe de ces « recycleurs » pour déduire l'histoire du cadavre. Si une cohorte manque, c'est peut-être que le cadavre a été déplacé, ou entreposé dans un coffre, ou protégé du chaud ou du froid.

Jeu triangulaire

Exemple : la poule, le renard, la vipère. Il est indispensable pour les enfants de connaître un jeu qui ne comprenne pas simplement deux adversaires,

les gentils contre les méchants, mais plus largement trois camps. Ainsi les rôles tournent.
Les enfants sont tour à tour une fois le gentil, une fois le méchant, une fois l'allié du gentil ou du méchant. Les enfants ne craignent plus d'être le méchant et ils saisissent que tout n'est pas noir ou blanc. Ce système de triangulation permet aussi de comprendre le sens des alliances et l'importance de les faire tourner et de jouer avec. Car la poule mange la vipère, la vipère mord le renard et le renard mange la poule. Mais s'il se crée une alliance poule vipère ou renard poule, tout change.
Ce jeu est aussi sensible dans le jeu de Yalta (jeu d'échecs à trois sur un échiquier de forme triangulaire), où il ne fait pas bon passer pour le plus fort ou le plus intelligent car cette attitude entraîne automatiquement une alliance des deux autres contre soi.

Respirer

Pour bien respirer il faut avoir une respiration la plus basse possible. Tout simplement parce que, en haut, les poumons sont prisonniers des côtes et ne peuvent pas s'ouvrir complètement. En revanche, le ventre est mou et extensible, donc gonflable à l'infini. Avec le ventre on peut engranger six litres d'air facilement. La respiration du ventre masse l'intestin, le pancréas, le foie. La digestion s'en trouve facilitée. Avec une bonne respiration du ventre, on peut en finir avec une digestion stomacale douze minutes après avoir ingurgité les aliments.

Les CREQ

L'homme est en permanence conditionné par les autres. Tant qu'il se croit heureux, il ne remet pas en cause ces conditionnements. Il trouve normal qu'enfant on le force à manger des aliments qu'il déteste, c'est sa famille. Il trouve normal que son chef l'humilie, c'est son travail. Il trouve normal que sa femme lui manque de respect, c'est son épouse (ou vice-versa). Il trouve normal que le gouvernement lui réduise progressivement son pouvoir d'achat, c'est celui pour lequel il a voté.

Non seulement il ne s'aperçoit pas qu'on l'étouffe, mais encore il revendique son travail, sa famille, son système politique, et la plupart de ses prisons comme une forme d'expression de sa personnalité. Beaucoup réclament leur statut d'esclave et sont prêts à se battre bec et ongles pour qu'on ne leur enlève pas leurs chaînes.

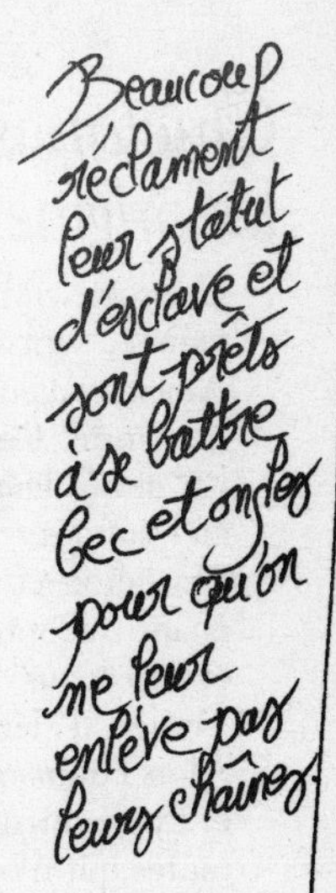

Pour les réveiller il faut des CREQ, « Crise de Remise En Question ». Les CREQ peuvent prendre plusieurs formes : accidents, maladies, rupture familiale ou professionnelle. Elles terrifient le sujet sur le coup, mais au moins elles le déconditionnent quelques instants. Après une CREQ, très vite l'homme part à la recherche d'une autre prison pour remplacer celle qui vient de se briser. Le divorcé veut immédiatement se remarier. Le licencié accepte de reprendre un travail plus pénible...

Mais entre l'instant où survient la CREQ et l'instant où le sujet se restabilise dans une autre prison, surviennent quelques moments de lucidité où il entrevoit ce que peut être la vraie liberté. Cela lui fait d'ailleurs très peur.

Cachottier

Un moustachu ou un barbu ont toujours quelque chose à cacher. Ne serait-ce que leur menton ou leur lèvre supérieure.

Quelques légendes sur les origines de l'humanité

Grecque. Pour les Grecs, Deucalion et Pyrrha, sa femme, sont les deux seuls survivants du déluge. Alors, les dieux les chargent de fabriquer la nouvelle humanité. Deucalion et Pyrrha jettent des pierres par-dessus leur épaule et les pierres se transforment en statues. Celles-ci se mettent à chanter. Deucalion et Pyrrha sont sommés de choisir quel chant racontant l'humanité ils préfèrent et ils optent pour l'histoire des héros grecs : celle de Thésée, d'Hercule et de tous les autres demi-dieux. Alors l'humanité se régénère sur la terre. Deucalion et Pyrrha meurent mais les groupes de statues chantantes qui n'ont pas été élues réclament un procès et demandent justice aux dieux. Ceux-ci rendent leur verdict à l'aide d'une balance qui leur permet de peser le choix de Deucalion et Pyrrha. Et ils donnent raison au couple ! L'humanité qui chante les héros grecs deviendra donc l'unique humanité terrestre.

Turque. Pour les Turcs, l'humanité est née sur la montagne noire. Dans une caverne, une fosse de forme humaine s'est creusée et la pluie ruisselant a entraîné l'argile qui se dépose dans ce moule. L'argile demeure là pendant neuf mois, chauffée par le soleil. Et au bout de neuf mois sort de la caverne le premier homme : AY-ATAM, qu'on appelle le père Lune.

Mexicaine (du XVIIe siècle). C'est un mélange de cultes anciens et de catholicisme. Dieu fabrique un homme en terre glaise et l'enfourne. Mais il le laisse cuire trop longtemps. L'homme sort donc tout brûlé et noir du four. Alors Dieu se dit qu'il a raté l'opération, il jette son produit sur la terre, lequel choit en Afrique. Dieu n'abandonne pas pour autant sa cuisine et fabrique un deuxième prototype d'humain qu'il laisse cuire moins longtemps. Mais celui-là est trop cru. Il sort tout blanc. Encore un échec. Dieu le jette une nouvelle fois et il choit en Europe. Dieu décide alors de bien surveiller sa cuisson pour sa troisième tentative. Il attend que son prototype soit cuivré, bien à point. Enfin une réussite. Alors il le dépose tout doucement, très délicatement, en Amérique. Ainsi naissent les Mexicains.

Sioux. Selon une légende sioux, l'homme aurait été créé par un lapin-monde ayant trouvé un caillot de sang sur sa route. Il s'est mis aussitôt à en jouer avec le bout de sa patte, le transformant en boyau. Le lapin a continué à s'amuser et le boyau a vu pousser sur lui un cœur, puis des yeux, puis tout d'un véritable petit garçon, le premier petit garçon du monde. Le lapin a nommé lapin-garçon ce premier humain, lui l'ancêtre des Sioux.

Arabe. Chez les Arabes existe une variante de la Genèse de l'Ancien Testament. Dans leur cosmogonie, la fabrication d'un humain nécessite de la terre de quatre couleurs différentes : bleue, noire, blanche et rouge. Dieu a dépêché l'ange Gabriel, mais lorsqu'il s'est penché pour prendre de la terre, elle s'est mise à lui parler et lui a demandé ce qu'il voulait. « De la terre pour que Dieu puisse fabriquer un homme », a-t-il expliqué. La terre a répondu : « Je ne peux pas te laisser faire car l'homme ne sera pas contrôlable et il voudra me détruire. » Alors l'ange Gabriel a rapporté cette objection à Dieu. Et Dieu a envoyé l'ange Michel à sa place. Même scène. Même échec. La terre n'est pas d'accord pour donner naissance à l'homme. Alors Dieu envoie l'ange Azraël qui a pour particularité d'être l'ange de la mort. Lui il ne se laisse pas convaincre par les arguments de la terre. C'est donc grâce à l'ange de la mort que l'humanité existe, mais en échange les hommes sont mortels.
Avec cette terre, Dieu a ensuite fabriqué Adam. Mais celui-ci n'a rien fait pendant quarante ans, se contentant de rester couché par terre. Un ange se demanda pourquoi Adam ne bougeait pas. Il entra dans sa bouche pour voir ce qui se passait à l'intérieur et constata qu'il était normal qu'Adam ne bouge pas. Il n'y avait rien à l'intérieur de son corps, que du vide. L'ange rapporta l'information à Dieu qui décida de lui donner une âme. Adam se mit à vivre et Dieu, pour lui donner une supériorité sur la

terre, sur la nature, sur les plantes et les animaux, l'autorisa à donner des noms à tout ce qui l'entourait. Adam est le seul à pouvoir donner des noms et ce, même aux esprits (djinns) et aux montagnes. Et chaque fois qu'il les nomme, il prend le pouvoir sur eux. (D'après Tabari, chroniqueur arabe du IXᵉ siècle, califat abbasside.)

Mongole. L'homme aurait été créé par Dieu qui aurait creusé un fossé dans la terre en forme d'homme. Puis, il aurait provoqué un orage et de la boue aurait coulé, remplissant le fossé en forme d'homme. Après la pluie, tout aurait séché et, comme d'un moule à gâteau, un homme en aurait jailli.

Navajo. Au début il y aurait eu des êtres mi-animaux mi-hommes. Ils traversèrent trois ciels dont ils se firent chasser à force de sottises. Finalement, ils arrivèrent sur terre où les quatre dieux du lieu, le bleu, le blanc, le noir, le jaune, vinrent les voir. Les dieux tentèrent de les éduquer par gestes mais ces sous-humains ne comprenaient rien. Les dieux renoncèrent donc à l'exception du noir qui leur expliqua qu'ils n'étaient que des abrutis sales et puants. « Les autres dieux vont revenir dans quatre jours, dit-il. Nettoyez-vous, et nous nous livrerons à une cérémonie pour fabriquer l'humanité. »
Les dieux apportèrent divers objets, des peaux de daim et deux épis de maïs, un blanc et un jaune. Ensuite ils procédèrent à une cérémonie magique. De l'épi de maïs blanc sortit un homme et de l'épi de maïs jaune sortit une femme. Dans un enclos, ils se reproduisirent et donnèrent le jour à cinq couples de jumeaux. Le premier, hermaphrodite, fut voué à la stérilité mais les autres enfantèrent et leurs

enfants se marièrent avec des gens du peuple du mirage, et de ce métissage naquit l'humanité actuelle.

Points communs

En 1970, le psychologue Abraham Maslow décide d'étudier les hommes et les femmes qui ont fait un usage exceptionnel de leur potentiel. Il commence par étudier quelques grandes figures historiques telles que Spinoza, Thomas Jefferson, Abraham Lincoln, Jane Addams, Albert Einstein et Eleanor Roosevelt. Et il en déduit quelques caractéristiques communes à ces êtres qui sont parvenus à un accomplissement personnel satisfaisant.

– Ils sont capables de tolérer l'incertitude.
– Ils sont spontanés en matière de pensée et d'initiative.
– Ils sont centrés sur le problème plutôt que sur leur intérêt personnel.
– Ils ont un bon sens de l'humour.
– Ils résistent à l'endoctrinement sans être « anticonventionnels par principe ».
– Ils sont préoccupés par le bien-être de l'humanité.
– Ils sont capables de comprendre en profondeur les multiples expériences de la vie.
– Ils établissent des relations satisfaisantes avec peu de gens plutôt que des relations superficielles avec un grand nombre.
– Ils gardent un point de vue objectif.

Sexualité humaine

Avant, quand les femelles humaines se déplaçaient à quatre pattes, les mâles pouvaient s'apercevoir quand elles étaient en chaleur et en demande. Leurs fesses se gonflaient et prenaient une couleur rouge caractéristique. Mais quand les premières humaines ont commencé à se tenir debout, les parties génitales féminines se sont retrouvées cachées. Comme ils ne voyaient plus les fesses, les mâles se sont intéressés à ce qu'ils voyaient de plus proéminent : les pis. Les seins sont devenus l'élément d'attirance érotique privilégié. Mais n'observant plus directement le sexe féminin, les premiers mâles humains ne savaient plus quand la femelle ressentait « physiologiquement » l'envie de l'union. Du coup les mâles prirent l'habitude d'exiger l'accouplement n'importe quand. Pourtant la femelle ne devrait éprouver une envie impérieuse que le quatorzième jour, au summum de son ovulation.

La position bipède modifia les comportements féminins mais aussi le comportement masculin. Alors qu'auparavant, en position quadrupède, le mâle pouvait cacher dans l'ombre de son ventre la réalité de son désir, une fois debout, le désir masculin devenait « vérifiable ».

A l'intérieur des premières communautés humaines, cet étalage des désirs sexuels de chacun au vu de tous était difficile à gérer. C'est pour cela que les premiers vêtements furent des cache-sexes avant d'être des protections contre le froid ou la pluie. Des lois furent établies dans ces premières communautés en vue d'interdire l'inceste et les unions socialement déstabilisantes (du type s'emparer de la femelle du chef dominant). La parole va permettre de réguler les rapports et autoriser chacun à s'expliquer sur ses intentions. C'est à cette époque qu'ont dû apparaître les mots « Je t'aime » qui signifient : « Tu ne le vois peut-être pas à cause de mon cache-sexe, mais j'éprouve un fort désir pour toi. » L'expression s'est depuis un peu galvaudée…

Le mâle humain, comme tous les animaux, ne devrait ressentir qu'une excitation sexuelle de trente secondes. Mais il a développé une sorte de pathologie avec sa seule volonté, en se contraignant à la faire durer plus longtemps. Et plus l'homme vieillit, mieux il sait maîtriser ce comportement « contre nature ».

Notons que l'orgasme féminin qui est lui aussi bien plus fort que dans le reste du monde animal est probablement une adaptation à la position verticale. Après le rapport, la femelle, ressentant une sorte d'ivresse, ne se relève pas aussitôt. Du coup les spermatozoïdes ne retombent pas (si la dame se relevait, les pauvres seraient obligés de lutter contre la gravité) et peuvent plus facilement nager vers l'ovule.

Tests d'intelligence

Il ne faut pas oublier que les tests d'intelligence sont faits dans le but de prouver que les personnes intelligentes sont celles qui ont un esprit identique à l'esprit des... inventeurs de tests d'intelligence.

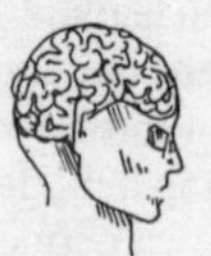

Lilliputiens

Les lilliputiens ne sont pas que des délires jaillis de l'esprit de Jonathan Swift. Ils existent vraiment. On ne doit pas les confondre avec les nains ni avec les Pygmées. Les lilliputiens ont les mêmes proportions qu'un être humain mais à taille plus réduite. Celle-ci varie de 40 à 90 cm, leur poids de 5 à 15 kilos. Ils ont été découverts à la fin du XIXe siècle en Europe centrale, dans la partie sauvage d'une forêt de Hongrie. Ils avaient jusqu'alors vécu en autarcie, loin des villes et de la civilisation. Une fois retrouvés, ils ont été pourchassés comme des monstres et ont entrepris de se disperser. Le premier à tenter de les rassembler fut Barnum, propriétaire d'un cirque portant son nom. Mais il n'en eut jamais plus de quatre à exhiber sous son chapiteau. En 1937, la France se lança dans une recherche mondiale systématique de lilliputiens en vue de sa grande Exposition universelle. On parvint à en réunir soixante et on leur construisit un village avec maisons, fontaines et jardins à leur échelle. Actuellement on estime que huit cents lilliputiens en tout sont disséminés sur la planète. Le plus souvent, ils servent d'attractions payantes dans les foires et les cirques. Les Japonais se sont récemment passionnés pour ces miniatures humaines et leur ont bâti un village nanti d'une école à leur taille pour les attirer. Ils y ont créé une troupe de théâtre dont les représentations connaissent un franc succès.

Giordano Bruno

En 1584, Giordano Bruno écrit *De l'infini de l'univers et des mondes.* Dans cet ouvrage, cet ancien moine dominicain défroqué, originaire de Naples, prétend que l'univers n'est pas fini mais infini, que la Terre n'est pas au centre de tout, elle tourne autour du Soleil et ce dernier n'est qu'une étoile parmi tant d'autres. Giordano Bruno évoque même la possibilité de vies extraterrestres et de différentes dimensions de l'univers. Avec lui on passe d'un univers clos, décrit par Aristote, à un univers immense et infini.

Giordano Bruno parcourt l'Europe. Il possède une mémoire extraordinaire. On dit qu'il est capable de réciter par cœur vingt-six mille passages du droit canonique et civil, sept mille extraits de la Bible et mille poèmes d'Ovide. C'est grâce à ce don de mémoire qu'il est reçu comme un prodige dans les cours des grands d'Europe et, là, il prend plaisir à discuter mathématiques, astronomie, philosophie. Il plaide pour une religion d'amour sans exclusion d'aucun humain. Il charme par ses talents d'orateur et sa culture. Il défend les idées de Copernic alors que celui-ci n'ose pas les assumer. Giordano Bruno raille tous les dogmes établis, religieux ou laïcs, la « sainte ignorance » et la « sainte bêtise », les « imbéciles diplômés » et les « tristes pédants ». Mais c'en est trop pour l'Église qui le fait arrêter en 1592. Il sera torturé à vingt-deux reprises et ne se reniera jamais.

Il sera finalement brûlé vif en place de Rome ; on lui clouera la langue de peur que, même sur le bûcher, il ne puisse évoquer son univers infini. Quant à son testament rédigé en prison, il sera déchiré avant ouverture pour que personne ne soit convaincu par ses idées hérétiques. Trente-trois ans plus tard, après un procès semblable, devant certains juges semblables, Galilée préférera se rétracter. Étrangement, l'oubli sera la récompense du premier et la gloire celle du second.

Relativité

Tout est relatif. Donc même la relativité est relative. Donc il existe quelque chose qui n'est pas relatif. Si ce quelque chose n'est pas relatif, par définition il est absolu. Donc... il existe un absolu.

Croire

« **Croire ou ne pas croire, cela n'a aucune importance.** Seul compte le fait de se poser de plus en plus de questions. »

Table

Index

Comportements humains

Dazibao

Destins particuliers

Énigmes

Spiritualité

Stratégie

Utopies

DU MÊME AUTEUR

Aux Éditions Albin Michel

LES FOURMIS, roman, 1991
(Prix des lecteurs de *Science et Avenir*)

LE JOUR DES FOURMIS, roman, 1992
(Prix des lectrices de *Elle*)

LE LIVRE SECRET DES FOURMIS
Encyclopédie du Savoir Relatif et Absolu, 1993

LES THANATONAUTES
roman, 1994

LA RÉVOLUTION DES FOURMIS
roman, 1996

LE LIVRE DU VOYAGE
roman, 1997

LE PÈRE DE NOS PÈRES
roman, 1998

L'EMPIRE DES ANGES
roman, 2000

L'ULTIME SECRET
roman, 2001

Site internet : bernardwerber.com

BERNARD WERBER

L'EMPIRE DES ANGES

BERNARD
WERBER
LES FOURMIS
Le
Livre
de
Poche

BERNARD
WERBER
LE JOUR DES FOURMIS
Le Livre de Poche

BERNARD WERBER

LA RÉVOLUTION DES FOURMIS

BERNARD
WERBER

LE LIVRE DU VOYAGE

BERNARD
WERBER
LE PÈRE DE NOS PÈRES
Le Livre de Poche

BERNARD
WERBER

LES THANATONAUTES

Le Livre de Poche

BERNARD WERBER

L'ULTIME SECRET

Création maquette : Luc Doligez
Composition réalisée par NORD COMPO

Imprimé en France sur Presse Offset par

BRODARD & TAUPIN

GROUPE CPI

La Flèche (Sarthe).
N° d'imprimeur : 30183 – Dépôt légal Éditeur : 60946-08/2005
Édition 06
LIBRAIRIE GÉNÉRALE FRANÇAISE – 31, rue de Fleurus – 75278 Paris cedex 06.

ISBN : 2 - 253 - 15530 - 6 31/5530/6